データベース技術教科書

DBMSの原理・設計・チューニング

都司達夫／宝珍輝尚 著

CQ出版社

はじめに――本書の目的と構成

データベースという言葉は，これを使う人や場所・状況に応じていろいろな意味で使われています．たんに，少し大きめのデータファイルを CやFORTRAN, COBOLなどで書いたプログラムの中で使用する場合も気軽にデータベースということもあるし，大型計算機上で多人数で共同利用するために，本格的なデータベース・システムを使用して作成された大容量データも等しくデータベースと呼びます．データベースとはいったい何でしょうか？　どのような機能を備えていればデータベース・システムといえるのでしょうか？　さらに，データベースを使えばどのように便利なのでしょうか？

データベースは，理論よりも実践が先行してきた分野であり，きわめて実利的な側面をもっています．理論は実践の場で試され淘汰され，逆に実践により触発され進展してきました．また実践は，例えば関係データベースのように理論的な方法論や枠組みの提案を契機として，著しく実用的な発展を遂げてきています．このように，データベースにおける理論と実践は，非常に好ましい連携の関係にあり，情報科学の世界では，理論と実践の融合度の高い分野であるといえます．

データベースは初期の頃には，data base と綴られ，それから，data-base となり，近年では，database と一語で綴られるようになりました．概念的にも明確でなかったデータベースが，多くの人々の，日々のデータ処理の実務を通じて次第にその概念が形成されるとともに，理論的な基盤も整備され，今日では情報処理や情報科学の主要な分野として定着してきました．綴りの変遷も，こうした経緯をよく反映しているといえます．

本書はデータベースやデータベース・システムの基礎的な概説書です．上記のような疑問に対して，わかりやすく答えて，データベースやデータベース・システムの全体像について，よりよく理解していただくことを目的としています．

以下，第1章では，データベースやデータベース・システムの要件や機能，基本的な技術要素について概観します．また，第2章では現在，最も広く使われている関係データベース・システムについて，世界標準であるSQL（Structured Query Language）言語に基づいて，データベースの問い合わせや操作について述べます．

第3章では具体例を取り上げてデータベースの設計方法について述べます．第4章ではトランザクション処理の基礎概念について述べ，さらに第5章ではデータベースやデータベース・システムの内部構造について解説し，第6章で，関係データベースの適用業務とチューニングにふれます．そして，第7章では，最近注目され，広まりつつあるオブジェクト指向データベースの基礎事項について述べるとともに，オブジェクト指向データベース・システムを使って，データベース操作を行う方法を解説します．

最後に，第8章では，時空間データベースやデータマイニングなどで使用され，最近重要性が増してきている多次元データの問い合わせと索引付けの手法について述べます．

本書は，大学学部や高専の学生向けの教科書として，基礎事項を整理するとともに，実践的な話題に至るまで，できるだけ幅広く解説したつもりです．また，この分野における最近のテーマも一部，取り入れています．

データベース・システムはその規模により，パソコン上の個人使用のものから，メインフレーム上のマルチユーザ方式のものまでいろいろあり，機能的にそれぞれ異なりますが，ここでの説明は，一応，複数人数のユーザの処理要求が同時にこなせる（したがって，マルチプロセッシング（多重処理）を支援しているOSの下で動いている）規模のものを前提にしています．

なお，本書は著者の一人，都司達夫による特集「データベース・システムの基礎知識」，『オープンデザイン』（No.37，2000年4月，CQ出版社発行）に加筆し，修正した内容となっています．第1，2，4，5，7章は都司達夫が，第3，6，8章は宝珍輝尚が執筆しました．

最後になりましたが，CQ出版社の金子俊夫氏には，大変お世話になりました．遅々として進まない筆でしたが，出版に至ることができました．深く感謝します．

2003年10月　都司達夫／宝珍輝尚

データベース技術教科書

CONTENTS

CONTENTS

第1章

データベース・システム基礎論

データベース・システムとは／
データベース管理システムの基本機能／
データベースに対する視点の違い／データモデル

データベース・システムの構成と基本機能を概説したあと，データベースに対する視点と概念スキーマ／内部スキーマ／外部スキーマを検討します．各スキーマは，ユーザの違いに応じて見方や取り扱い方が異なります．ついで，実体データをデータベースとして記述するためのモデルであるデータモデル（階層モデル／ネットワークモデル／関係モデル）について紹介します．

1.1節 ではデータベースやそれを管理するソフトウエア群としてのデータベース・システムの基本について述べます．従来のたんなるファイル・システムとデータベース・システムはどのように違うのか，データベース・システムとはどのようなものか，というようなことを正しく理解することが目標です．1.2節ではさらに，データベース・システムとして備えるべき基本機能を具体的に解説することにより，逆にユーザの立場から見たデータベースの操作をより正しく把握するようにします．1.3節では，同じ実体データに対して，利用者の立場やレベルに応じて見方や取り扱いが異なることを述べます．最後に，1.4節ではデータモデルの問題を扱います．データベースに関してユーザにとってもっとも重要な問題は，自分の問題領域におけるデータの構造や編成をいかに自然にわかりやすく記述できるかどうかであると考えられます．これはすなわち，データモデルの問題であり，各種のデータモデルを取り上げて，データ構造の表現方法と操作について具体的に述べます．

1.1 データベース・システムとは

近年，計算機で処理される業務は大規模化，多様化の一途をたどっており，そこで用いられる情報・データも急速に大容量化，複雑化しています．このようなときに，従来のファイル管理・処理の方法で，正確・迅速に，また柔軟に，対処できるでしょうか．

従来のファイル・システム下でのシステム設計は

・個々の業務処理中心であり，
・使用されるデータファイルはその業務処理に専用のもの

でした．このことは，従来言語（C，COBOL，FORTRANなど）によるプログラミングにおいては，

・ファイルは個々のプログラム内で定義され（Cの関数fopen()，COBOLのDATA DIVISIONやFORTRANのOPEN文）
・したがって，プログラムとの結びつきはあっても，データファイル同士は基本的には独立である

という事情によるものです．

たとえば**図1.1**において，データ bを更新するときには，ファイル1とファイル3の両方を更新する必要があり，

・ファイル領域の浪費
・更新に時間がかかる
・更新漏れによるデータ不一致の状態が起こりやすい

というような問題があります．とくに業務間に関連した複雑な処理が要求されるようになると，このような欠点は重大になります．

いままで別々に独立して存在していたファイルを一つにまとめ，複数の関連業務間でデータの共用を図るのがデータベースの基本的な考え方です．このことは，プログラムに従属してデータが存在するという考え方から，データ（ファイル）とプログラムの結び付きを弱めて，逆にデータ主導の考え方に転換することで可能です．すなわち，関連業務で使われるデータの集合がまず存在し，各業務のプログラムやアプリケーションは自分にとって必要なデータをそのデータ集合の中から使わせてもらうといった発想へ切り替えることです．この発想を実現する考え方が「データの共用」の考えだといえます．

プログラム主導の**図1.1**の発想からこのデータ主導への発想の切り替えを表したのが**図1.2**です．プログラム主導の弊害がデータを共用することにより，一挙に解決されていくことがわかります．すなわち，

図1.1 従来のファイル処理

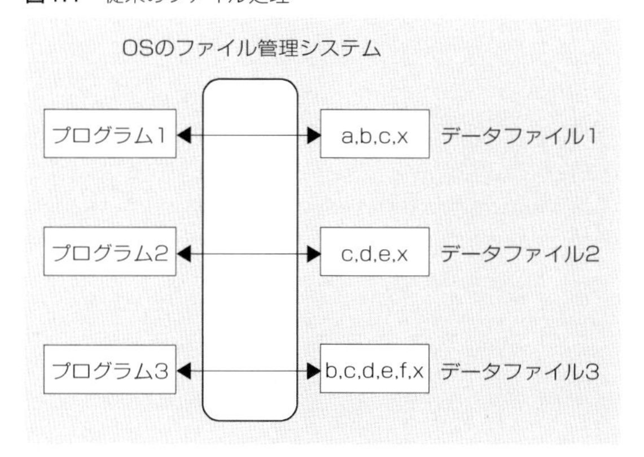

図1.2 データベース管理システムによるデータ管理

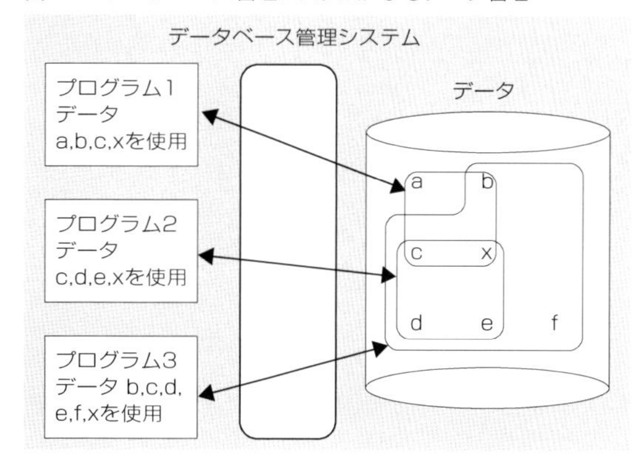

・データは一元的に管理され，重複しないのでファイル領域の浪費が回避できる
・データは重複して存在しないので，更新は1カ所で済む
・データは重複して存在しないので，更新するときの漏れはない

データベース・システムは計算機によるデータ処理の最先端技術です．しかし，その考え方は「はじめに」でも述べたように，従来のデータ処理・ファイル処理の実務を通して経験的に発生したものであり，いろいろな側面を持っています．したがって，必ずしもこれらを明確に定義できるわけではありませんが，最小限必要な構成要素をあげることができます．

1.1.1 データベース

「種々の関連業務に利用できるように統合化された共用ファイル群」といえます．単一の業務，単一の処理にしか利用できないのならば，たんなるファイルのオンライン使用にすぎません．ここで，“種々の関連業務”について，在庫管理データベースの場合，業務はたとえば「注文処理業務」，「仕入れ業務」，「在庫管理業務」などに分かれます．このいずれの業務においても，たとえば“商品に関する情報”は不可欠であり，“商品供給業者に関する情報”は「仕入れ業務」や「在庫管理業務」では必須でしょう．これらのデータはデータベース・システムにより統合的に管理され，利用者や業務アプリケーションの検索要求に応じて必要なデータが提供されたり，データベース中に新たなデータ定義（データスキーマという）が行われたり，データレコードの追加・削除・更新などのデータベース操作が行われます．

1.1.2 データベース管理システム

データベース管理システム（DBMS: DataBase Management System）とは，「**データベースのアクセスと制御を統括して行うソフトウエアの集まり**」であり，利用者が要求する（論理）データとデータベースに実際に記憶されている物理データの仲介役と

図1.3　データベース・システムの概要図

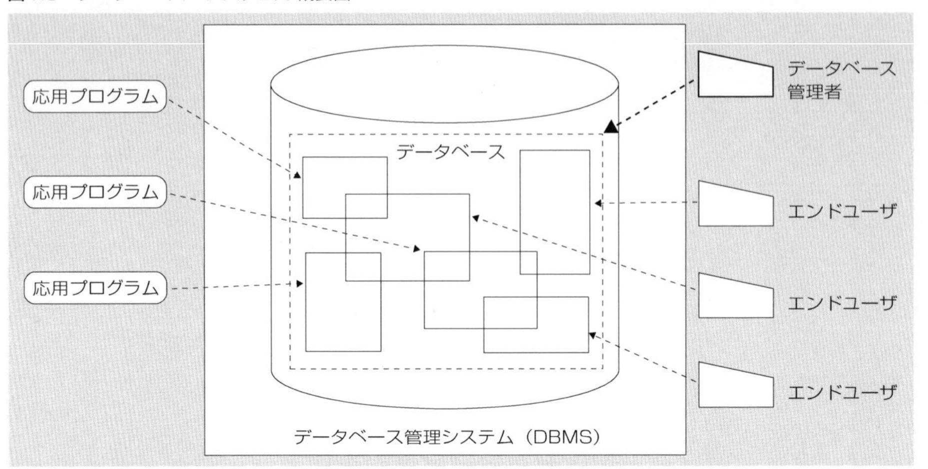

なり，1.1.1節で述べたデータベース操作を行います．通常，これらのソフトウエアはたくさんのプログラム・モジュールの集まりです．データベース管理システムはつぎの1.2節で述べる技術的な諸要素により実現されます．

1.1.3　利用者

利用者もデータベース・システムを構成するための不可欠な要素であり，データベースへの関わりの度合いや，データベース操作の技術・能力のレベルに応じて，つぎの3種類に区別することができます（**図1.3**）．

(a) データベース管理者

データベース全体を管理する人．データベースの定義・生成，二次記憶領域の割り当てと管理，データベースの再編成（reorganization）などのパフォーマンス・チューニングを行う．

(b) 応用プログラマ

データベース言語を使って（1.2.1節参照），当該業務のアプリケーション・プログラムを作成する人．

(c) エンドユーザ

データベース処理の専門家ではない人．エンドユーザ用のわかりやすいウインドウベースのGUI（Graphical User Interface）を使ってデータベースを操作できる．

ただし，この区別はあくまでも概念的なものであり，実際には一人の利用者が複数の役割を兼ねることも多いようです．最近のパソコン上のデータベース・システム（たとえば，Informix，Paradox，Access など），とくに個人使用の小規模システムにおいては，従来（b）の応用プログラマ向けの処理が（c）のエンドユーザにも十分こなすことができるインターフェースを備えるに至っています．また，(a) の管理者向けの仕事もわかりやすく操作できるので，エンドユーザが行うことも多くなっています．

データベース・システムの概念は，上記1.1.1節～1.1.3節の要素を包含した広い概念であるといえます．言葉の使い分けとして，本来，「データベース」と「データベース・システム」は上記のような区別がありますが，専門家ではないほとんどの人々は「データベース」といった場合，データベース・システムの意味で使う場合も多いようです．使われる文脈から，一応区別できるものの，議論を混乱させないために，意識して使い分けるほうがよいでしょう．

1.2 データベース管理システムの基本機能

データベース管理システム（以下，DBMSと略す）には，多くのユーザがデータベースにアクセスして，望む操作を簡便に，また間違いなく行うことを可能にするために必要とする機能がいくつかあります．

1.2.1 データのプログラムからの分離

データの定義はプログラムとは分離してデータベース定義として独立させます．これにより，複数のプログラムでデータを共用できます．データの定義はデータ定義言語，プログラムはデータ操作言語と呼ばれる専用の言語で書かれます（**図1.4**参照）．

図1.4 データとプログラムの分離

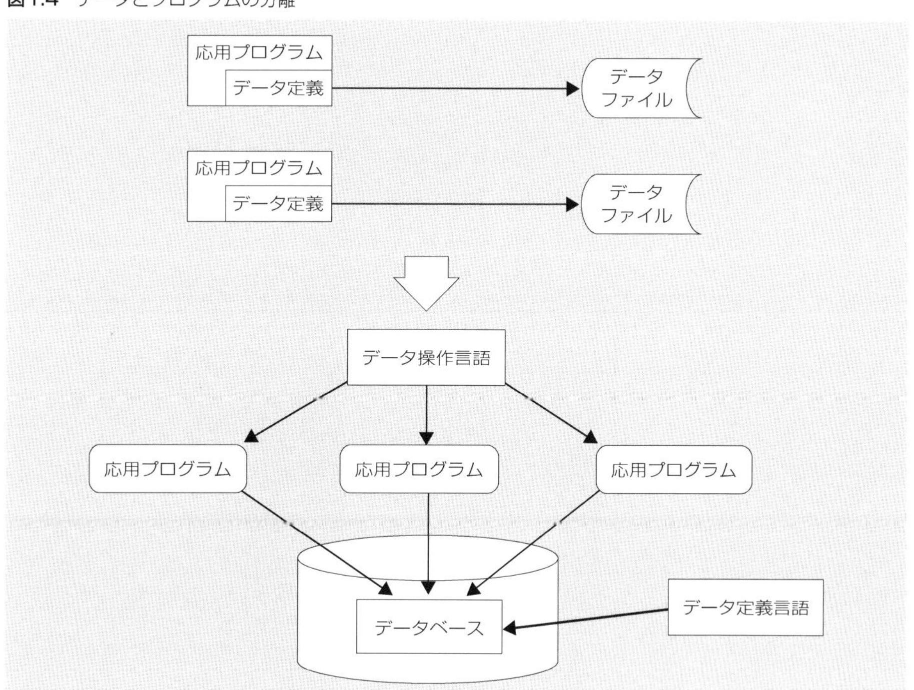

図1.5　データの独立性

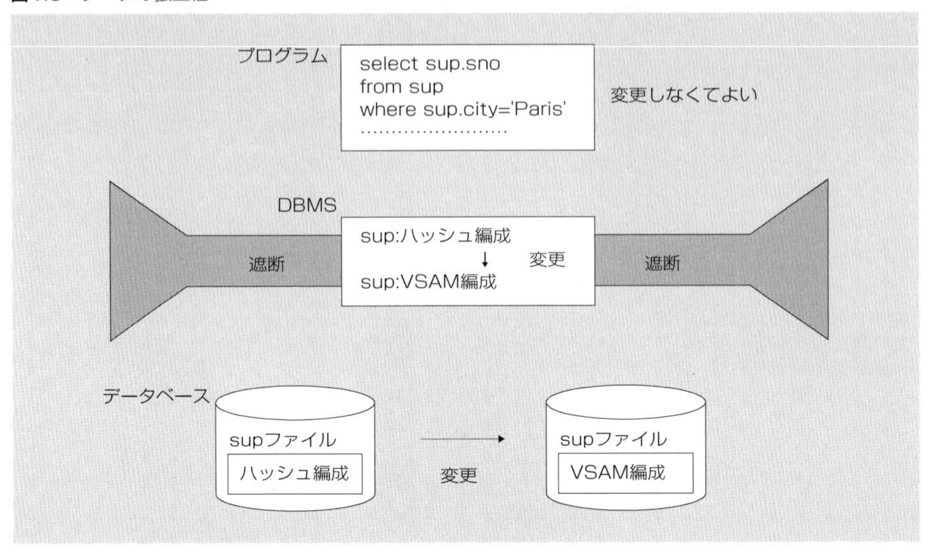

1.2.2　データの独立性

「計算機内部でのデータの所在や表現の方法，データへのアクセス方法（ファイル編成法）などの物理的な変更があっても，それを使用しているプログラムは変更する必要がない」ことをいいます（**図1.5**）．

従来の高級言語ではアルゴリズム（プログラム本体）については，高レベルな（論理的な）記述が可能ですが，データとくにファイルの扱いに関しては，ある程度，低レベルな指定が必要です．このために，たとえばプログラムがインデックス付き順編成ファイル（VSAM*ファイル）を使用するのか，固定長レコードの直接編成ファイルを使用するのかによってレコードにアクセスするためのプログラムの書き方が異なります．このことは一般のプログラマに対しても，データの計算機内部での表現方法やその操作についてある程度の専門知識を要求することになります．

データの独立性のおかげで，データが論理的に扱えるようになります．したがって，全体のシステム設計や開発，保守（ソフトウエア・ライフサイクル）といった作業を見通しの良いものにしているといえます．

1.2.3　データの一貫性の制御

データベースは一般に多くの利用者により頻繁に，また不定期にアクセスされ更新されます．つまりデータベースの中のデータは一度定義されたならば，それがそのまま永続するものではなくて，時々刻々，時間的に変化するものといえます．また，データベース中のデータは同時に多くのユーザによって検索されたり，更新されたりすることがあります．このような状況の中で，つねに正しい範囲の値のデータを適切なタイミングで正しく操作し，したがって，データベースの内容がいつも矛盾なく保たれるように制御し，保障することは，そんなに易しいことではありません．

***VSAM**：Virtual Storage Access Method，仮想記憶アクセス方式

データの読み／書きといった個々の操作の途中では，データが一時的に正しさの基準を満足しなくなることがありますが，一連の操作が終わると，また首尾一貫した状態に戻ります．データベースをある首尾一貫した状態から別の首尾一貫した状態に遷移させるこのような一連の操作をトランザクション（transaction）といいます（トランザクション処理については第4章で記述）．

データの一貫性制御はこのトランザクションの考え方にもとづいて，つぎの三つに大別できます．

(a) データの正当性確認

一つの処理単位の実行において，データを新たにデータベースに格納したり，値を更新する時点でデータの型や値の範囲を確認すること．たとえば，名簿データベースにおいて，「年齢」データを－20としたり，200としたりするのは，正当ではないと判断して，排除します．

(b) 同時実行制御

前にも述べたようにデータベース中のデータは多くのユーザによって共有されます．したがって，共有データの使用をめぐって，複数のトランザクションが競合することになります．同時実行制御とは，「データベースを同時に操作しようとしている複数のトランザクションが互いに干渉して，データベースが一貫性のない不正な状態に陥らないように制御すること」をいいます．よく引き合いに出される例として**二重更新**の問題があります（**図1.6**）．

A氏とA氏夫人の共同名義の銀行口座があり，残高が50万円であったとします．A氏が，あるキャッシュサービス・マシンで10万円預け入れた直後に別の場所でA氏

図1.6 二重更新の問題

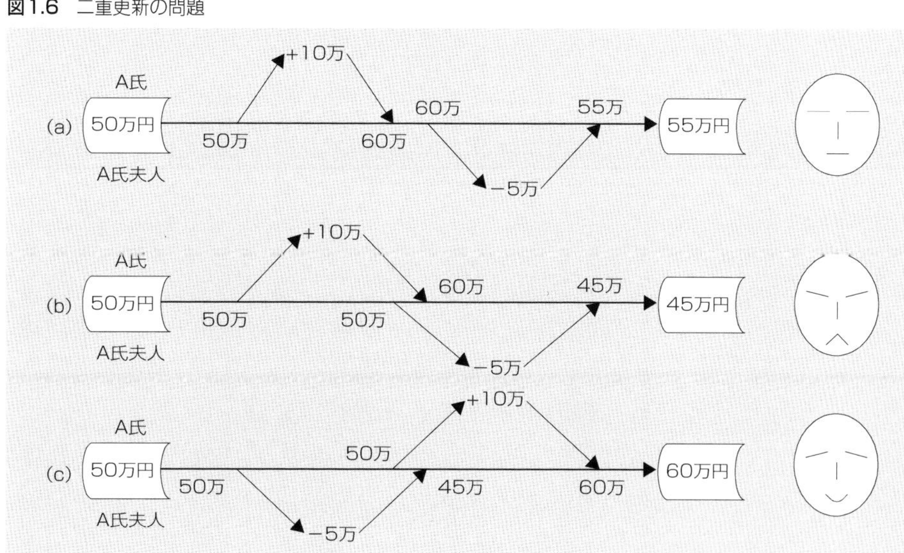

夫人が5万円同じ共同名義の口座から引き下ろしたとします．A氏の預け入れ操作のデータベース処理が終わり，残高が正しく60万円に更新された後，A氏夫人の引き下ろし処理が開始されれば，問題はまったくない（**図1.6（a）**）のですが，預け入れ処理が終わらないうちに，引き下ろし処理が始まった場合は，入力データは50万円のままです．預け入れの処理が終わり，残高が60万円に更新されても，その後で，引き下ろしの処理が終わる場合には，残高は上書きされて45万円となります．すなわち，A氏が預けた10万円はまったく無効となり，損をしたことになります（**図1.6（b）**）．このまったく逆の場合では，A氏夫人が引き下ろした5万円は無効となり，得をすることになります（**図1.6（c）**）．

このような，不正な状態に陥らないよう制御するためには，DBMSは共有データにアクセスするトランザクションのために，そのデータに対してロックをかけて他のトランザクションに同時に使用させないようにします．**図1.6（b）**の場合には，A氏の預け入れ処理が終了し残高が更新されるまで，A氏夫人の引き下ろし処理を待たせることにすれば，問題は起きません．このような交通整理を「排他制御」とよびます．

(c) 障害回復

データベース・システムのハードウエア，ソフトウエアにかかわらず，障害が発生したとき，データベースを最新の首尾一貫した状態に回復させることをいいます．

たとえば，データを更新中に停電になった，オペレーティング・システムやネットワーク・システムがダウンした，DBMSのソフトウエアにバグがあった，などの予期せぬ原因で，更新処理が完了しなかった場合を考えてみましょう．この場合，データの更新は途中でほっぽり出され，首尾一貫した内容ではありません．システムが正常に復した後で，再度，更新処理を行えばいいのですが，更新がデータの現在の値にもとづいて行われる場合（たとえば，一律に年齢データを1増やすなど），どこまで更新済みであるのかわからないため，正しくデータを更新し直すことは不可能です．この場合には，更新を行う直前の状態にデータの値を回復して，首尾一貫した状態を保つ必要があります．このための一般的な方法として，ログ（log）が使われます．ログは，すべてのトランザクションがどのような操作をデータベースに対して行ったかを逐次ディスクに記録します．また，書き込み操作に対しては，原則として更新前の値と更新後の値を併せて記録します．これらの記録と，最後にダンプしたデータベースのバックアップにより，更新前の首尾一貫したデータベース状態を回復させることができます．

1.2.4 複数キーによる多面的な処理

データベース・ファイル内のレコードはキーにより一意的に識別され，データベースに対するいろいろな操作はキーを中心にして行われます．キーそのものは論理的な概念ですが，通常はキーに対して記憶装置上にインデックス（索引）が作成されます．

図1.7　複数キーによるデータベースの検索

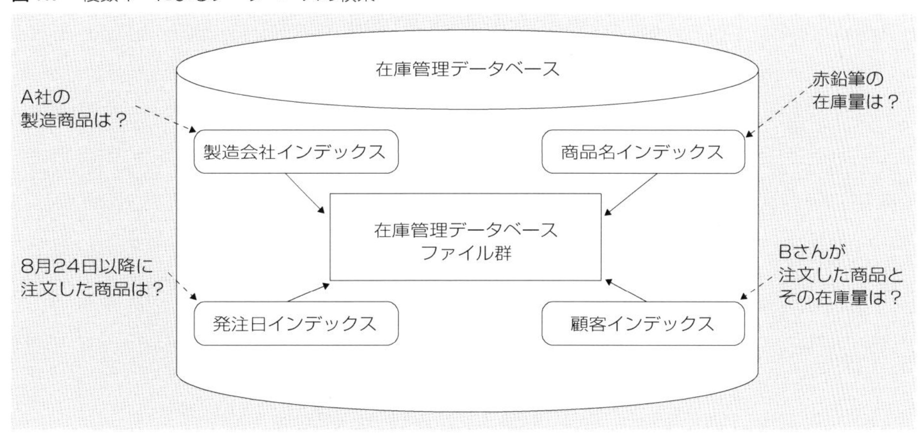

インデックスによりレコードはランダムにアクセスできたり，キーの値の順に高速に順次的な処理が行えたりします．したがって，キーをどのように選ぶかは，利用者の業務の中心的な処理を考慮して決定されなければなりません．また，逆にキーが1種類しか用意されていなければ，そのデータベースはほとんど単一の業務にしか利用できないことになります．キーを複数種類，使用できるようにすることは，それだけ共用ファイルとしてのデータベースについて，いろいろな見方と取り扱いを可能にすることであり，複数業務において円滑に共用できることを意味しています（**図1.7**）．

1.2.5　オンライン即時処理

オンライン即時処理システムでは，端末装置から入力されたデータを即時に処理して，ただちに結果を端末に返します．しかも，非常に多くの端末装置から同時にデー

図1.8　オンライン・データベース・システム

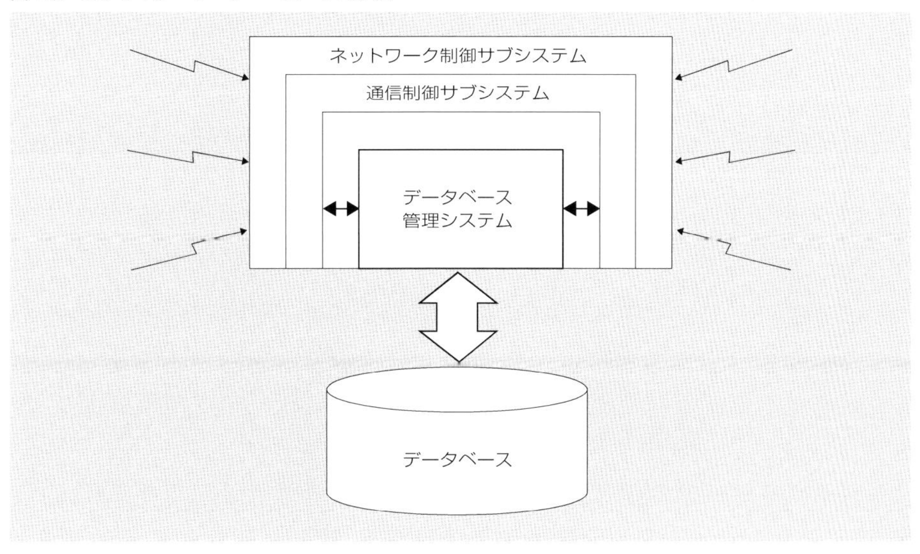

タが入力されても，適切に処理し，結果を特定の端末装置に確実に送信します．

データベース・システムはオンライン・システムとは独立に発展してきたのですが，このようなオンライン即時処理システムの機能を取り込むことによって，さらに広域的なサービスを提供できるようになり,真に実用的なシステムになってきました．このことは現在の列車や飛行機の座席予約システムや銀行の自動キャッシュサービス・システムを考えれば明らかでしょう．

オンライン機能を支援するためには多くのソフトウエア群が必要になりますが，DBMSはこれらのソフトウエアと緊密に連絡を取り合いながらデータベースをつねに矛盾の無い状態に保ち，しかも利用者にイライラさせないような迅速な処理をする必要があります（**図1.8**）．これは，ハードウエア，ソフトウエア両方の高度な諸技術を投入して初めて可能になることでしょう．

1.2.6 プライバシーの保護

すでに述べたように，データベースは関連するいろいろな業務において共通に利用される共用ファイルです．この「共用」の考え方こそがデータベースの本質ともいえますが，共用であるがゆえに，機密にしておきたいデータを他人に乱用される危険が大きいといえます．資格のない人による機密データのアクセスから，データベースを適切に保護することは，データベース・システムの重要な課題であり，たんなるファイル・システムの場合より，はるかにきめの細かい対策が必要となります．

1.3 データベースに対する視点

データベース中のデータは，それを利用する利用者のレベル（エンドユーザ，応用プログラマ，データベース管理者）により，また計算機内部での物理的な表現のレベルにより，とらえ方（視点）が異なり，取り扱い方も異なります．エンドユーザにとってはデータはたとえば，たんにいくつかの項目について値を持つ行の集まりとしての表のようなとらえ方ができるけれども，計算機内部のレベルで見ると，そのような表を記憶装置上でどんな編成のファイルで表現し，データに高速にアクセスするためのインデックス付けをどうするか，などといった細々した物理表現を気にする必要があります．

しかし，このような論理的・物理的な視点とは独立に，データあるいはデータによって表される情報そのものが存在するはずです．この実体として存在するデータを実体データということにすれば，論理データも物理データも，実体データをそれぞれの立場で眺めたものといえるでしょう．実体データはデータベースに対する個々の利用者や計算機の視点を生み出す基礎と考えられます．実体データを基礎として，個々の視点からデータベースを記述したものをスキーマといいます（**図1.9**）．

図1.9 データベースに対する視点

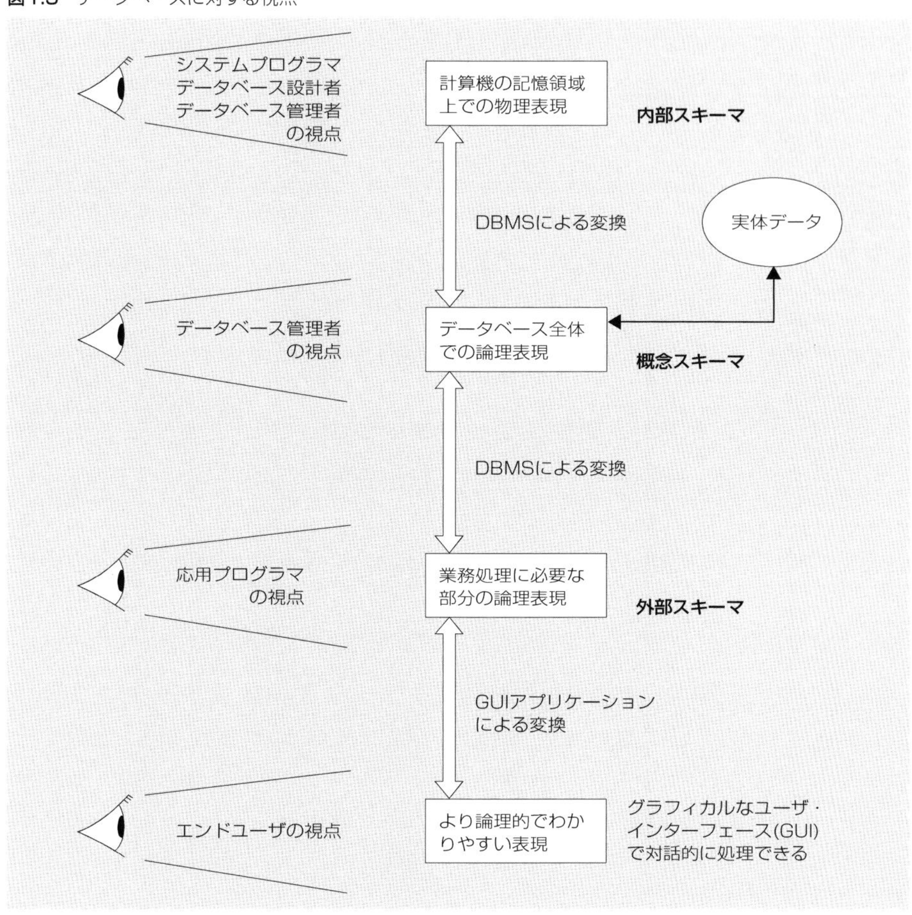

図1.10 概念スキーマと外部スキーマの関係

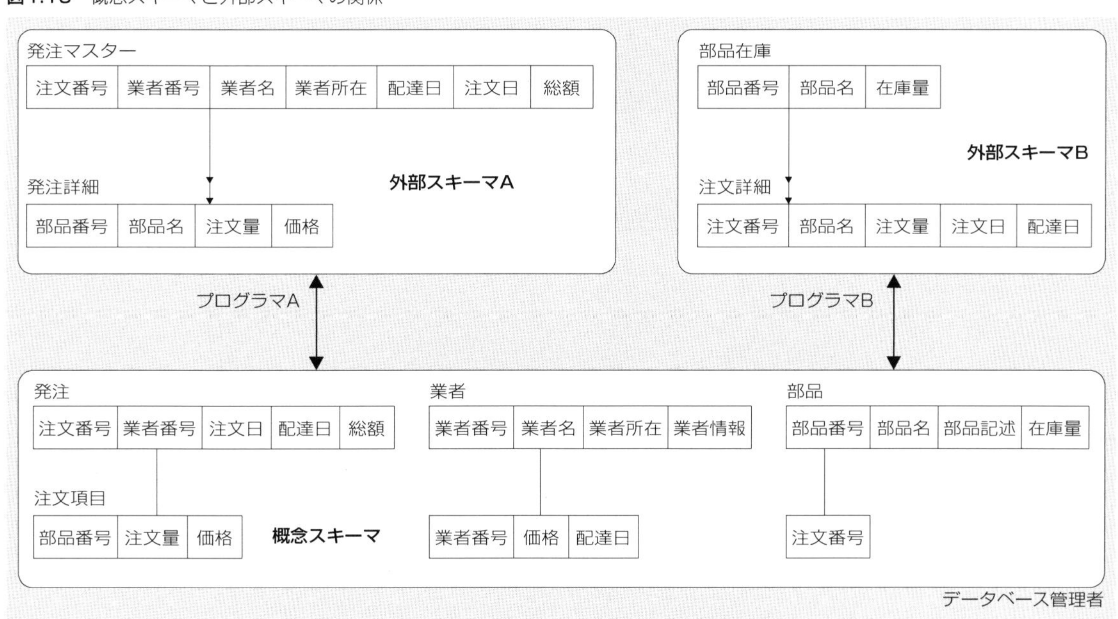

1.3.1　概念スキーマ

実体データ，すなわちデータベース化したいすべてのデータをデータモデル（**1.4**節で述べる）にしたがって，じかに記述したものを概念スキーマと呼びます．

少々，理屈っぽくなりますが，「データ（data）」というのは，一般的にはそれ以上分割したならば意味がなくなってしまうような「データ要素（datum）」の集まりであり，データ（実体データ）はデータ要素間に本来存在している関係により定まる種々の構造を内包しています．データベースが「種々の関連業務で利用できる共用ファイル群」である以上，実体データの記述はこれらの処理に必要なすべてのデータ要素と，それらに内包された構造を表現できる必要があります．

1.3.2　外部スキーマ

データベースを個々の業務に関連する応用プログラマの立場から記述したものであり，概念スキーマで記述されるデータベース全体の中で，業務処理に必要な部分のみを抽出して，処理に適した形に再構成します．概念スキーマと外部スキーマの関係を**図1.10**に例示します．

1.3.3　内部スキーマ

概念スキーマを計算機内部で実現するための方法の記述です．データベース・ファイルの編成方法（順次編成，インデックス付き順次編成，等）やデータ要素の内部表現方法などを記述します．前に述べたデータの独立性は概念スキーマと内部スキーマを遮断すること，すなわち概念スキーマの記述に内部スキーマにおけるような記述を入り込ませないことにより達成されます．内部スキーマには一般につぎのような事項が記述されます．

- 記憶装置の種類
- ファイルの編成方式
- 索引編成方式
- データの内部表現（データ型（integer, real, decimal, characterなど），データ・サイズ，データ位置）
- ページ・サイズ，物理レコード長
- データベース・サイズ

1.3.4　エンドユーザの見方

応用プログラマは，データ定義言語により外部スキーマを定義する必要があります．またパーソナル・データベースや小規模のデータベースでは応用プログラマがデータベース管理者の仕事も兼ねて概念スキーマも定義するのが一般的です．

上記1.3.1～1.3.3節のように，スキーマを明確に分離し，データベースを管理するという方式は**3層スキーマ**・アーキテクチャと呼ばれていますが，この方式でデータの独立性が達成されます．

しかし，とくにメインフレーム上の本格的なマルチユーザ・データベース・システムでは，データ定義言語の種類によっては十分に論理化されておらず物理的な記述を若干必要とする場合もあります．また関係データベースの定義言語のように比較的高度に論理化が進んでいる言語もありますが，データベースを使用するための環境の定義（データベース・ファイル領域の定義など）において，かなり低レベルな指定をする必要があります．このため，専門知識を持たない一般の利用者（エンドユーザ）がデータベースを定義し，自由に操作できるというわけではありません．データベース・システムが稼動している計算機システム全般についても深く理解している高度な利用者のみが使いこなせるといわざるを得ません．

一般のエンドユーザに対しては，よりいっそう論理化，抽象化が進んだデータベースの視点とインターフェースを提供できる必要があるのは当然であり，これが，これからもデータベース・システムの重要な課題の一つであり続けるといえます．

1.4 データモデル

データモデルとは実体データをデータベースとして記述するためのモデルのことです．データベースにかぎらず，広く一般のプログラミング言語で使用可能なデータ構造を考えてみましょう．たとえば，FORTRAN ではデータ構造としては配列しか使用できません．そこで構造を持つデータはなんでもかんでも配列で表現することになります．現実界には，たとえば，会社組織に関するデータのように本質的に階層構造を有するデータが数多く存在します．本来，**木構造**（ツリー構造）で表現するのが自然であるような，このようなデータに対して無理に別の構造を押しつけることは，プログラマにとってわかりにくいと同時にそれを処理する手続き（プログラム）に負担がかかり，結果的にプログラムそのものがわかりにくくなる，保守性が悪くなる，といった好ましくない事態を引き起こします（**図1.11**）．

データベースについては，通常のプログラミング言語にも増して，現実界の多様で，複雑なデータを扱う必要性がある以上，実体データの構造を歪みなく，自然に表現できることは，きわめて重要な要請です．

一方，計算機内部での処理という見方からすれば，表現力のある（より自然に表現できる）データモデルは，必ずしも計算機処理に適した内部表現を保障し得るとはかぎりません．むしろ単純で一様なデータモデルのほうが大量データの，より高速な処理を保障することができます．データモデルの設定はデータベース・システム全体の方式を大きく左右する根本的な問題であり，上に述べた互いに背反する基準のトレードオフを経験的にまた理論的に見きわめる必要があります．

現在，広く認知されているデータモデルは，**階層モデル**，**ネットワークモデル**，**関**

図1.11 木構造と配列構造

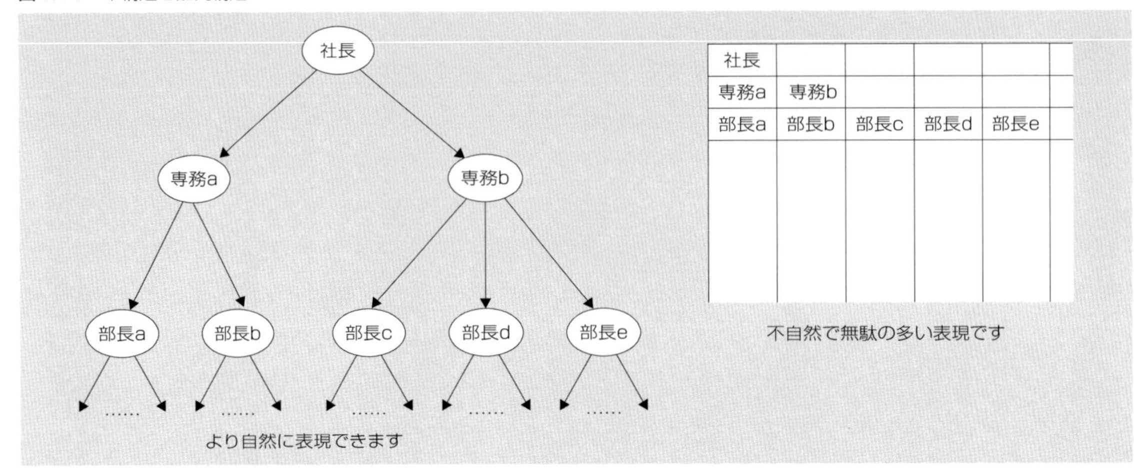

社長				
専務a	専務b			
部長a	部長b	部長c	部長d	部長e

係モデル，**オブジェクト指向モデル**などがあります．これらは歴史的にこの順序で登場してきました．現在，広く使用されているデータモデルは，ネットワークモデル，関係モデルであり，オブジェクト指向モデルも徐々にではありますが，その利点が認識されつつあります．

1.4.1 階層モデル

現実のデータは，たとえば本の目次であれば，章，節，項，あるいは会社組織であれば，部，課，係というように木構造で表されるような階層構造を有する場合が多いでしょう．このようにデータを階層的に把握するデータモデルを階層モデルといい（**図1.12**），IBM社のIMS（Information Management System）が有名です．

1.4.2 ネットワークモデル

関係モデルと並んで，現在よく使用されているデータモデルがネットワークモデルです．階層モデルでは実体データをすべて木構造でとらえようとしますが，実体データをもう少し詳細にながめてみようとすると木構造で表現できない場合もあります．たとえば，複数の親レコードを持ち得る子レコードを必要とするような論理表現は数多く存在します．これを無理に木構造で表現しようとすると，やはり構造の歪みやレコードの重複が生じます．そこで，実体データの多様な構造を無理なく表現可能なデータモデルとして提案されたのがネットワークモデルです．

ネットワークモデルの本質はセット（set）の考え方です．セットはレコード（データ要素の集まりの単位）の名前のついた集合であり，レコード間の関係が表現できます．セットは**図1.13**のように2レベルの木構造で表され，上位概念を表すただ一つのレコード（セットのオーナーという）と下位概念を表す複数個のレコード（セットのメンバーという）から成り立っています．

このセットが単位となってほとんど任意の構造が自然に表現できるわけですがそれ

図1.12 階層型データモデルとその実現値

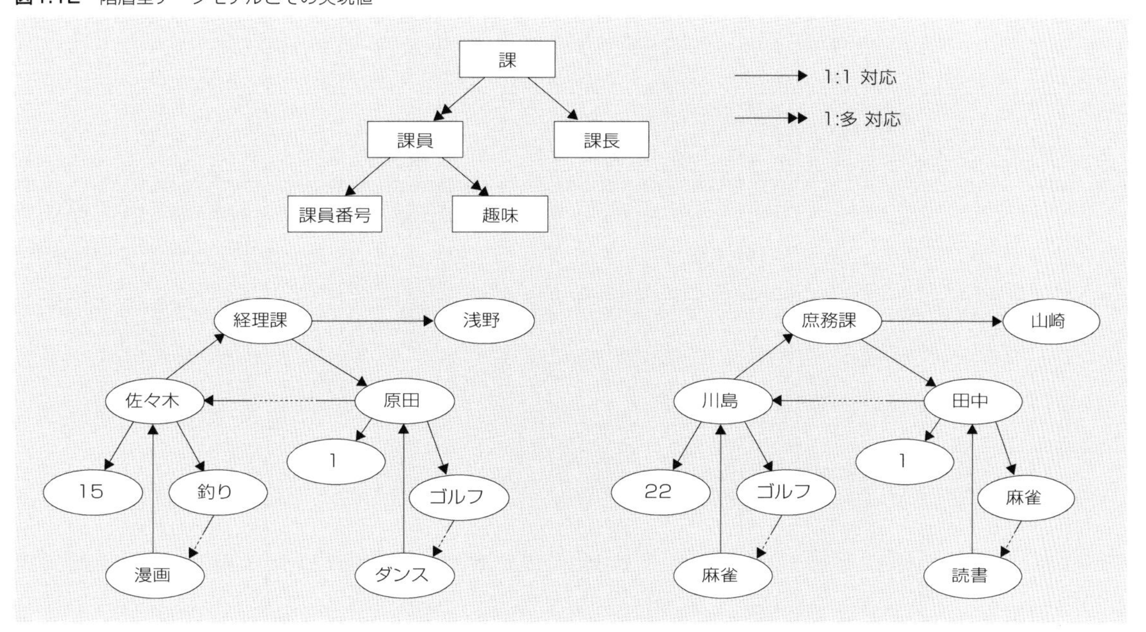

図1.13 セットとネットワーク型データモデル

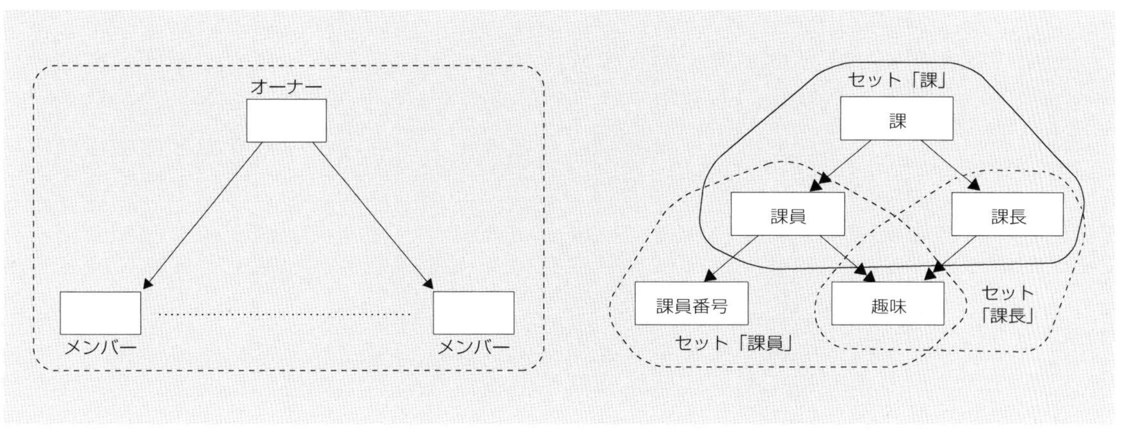

は，主に，

- 一つのレコードは二つ以上のセットのオーナーとなり得る
- 一つのレコードは二つ以上のセットのメンバーとなり得る
- 一つのレコードはあるセットのメンバーであり，かつ別のセットのオーナーであり得る

ことによっています．

セットにより現実の実体データのいろいろな構造がどのように表現できるかをより詳細に見てみることは興味ある問題ですが，これに関しては他の解説書に譲ります．

ネットワークモデルや階層モデルではデータの論理化・抽象化が十分に進んでおらず，一部，内部スキーマにおけるような指定が必要になることがあります．したがってデータの独立性は十分に達成されていません．現在では，つぎの1.4.3節の関係モデルが広く採用されつつあるものの，銀行業務などメインフレーム上のシステムでは潜在的に根強く使用され続けています．論理化・抽象化が十分ではないために，アプリケーション・ソフトの慣性が大きく，より抽象度の高いデータモデルにもとづくシステムへの移行を困難にしていることが主要な原因であると思われます．しかしこのことはよいほうに解釈すれば，より適切な計算機の内部表現を利用者自身の選択にまかせ，それにより，アプリケーションに応じたよりきめの細かいパフォーマンス・チューニングによって，効率的な処理を可能にしているともいえます．

1.4.3 関係モデル

関係（リレーショナル）モデルではデータはすべて表（テーブル；table）により表現されます．階層モデルやネットワークモデルでは，データ自身をグラフの節で表し，データ間の関連付けを，節を結ぶリンクで表したのに対して，関係モデルでは関連付けそのものも節の中の情報として表現します（**図1.14**）．たとえば，二つの節に共通して「学生番号」という属性があると，二つの節のデータの関連付けは，この属性を介して必要になった時点で随時，動的に行われます．

この「随時，行える」というのは，関係モデルの重要な点であり，外部スキーマに相当する記述が，きわめて柔軟に定義でき，データベースの実際の運用面での使いやすさに反映されることになります．

関係モデルは関係代数（relational algebra）にもとづく数学理論により厳密に定義されます．関係モデルをデータモデルとするデータベースは**関係データベース**（リレーショナルデータベース）といわれますが，その表現と操作の双方において関係代数によく対応しています．関係モデルを採用している関係データベース・システムについ

図1.14 関係型データモデル

「学生簿」テーブル

学生氏名	学生番号	出身地	年齢
堀江　武	01	福井	21
山口誠司	02	福井	23
結城宏和	03	富山	22
芳野　学	04	大阪	22

「成績」テーブル

学生番号	英語	数学
01	優	可
02	良	優
03	優	良
04	可	優

「学生成績」テーブル

学生氏名	学生番号	出身地	年齢	英語	数学
堀江　武	01	福井	21	優	可
山口誠司	02	福井	23	良	優
結城宏和	03	富山	22	優	良
芳野　学	04	大阪	22	可	優

図1.15　オブジェクト指向におけるオブジェクト

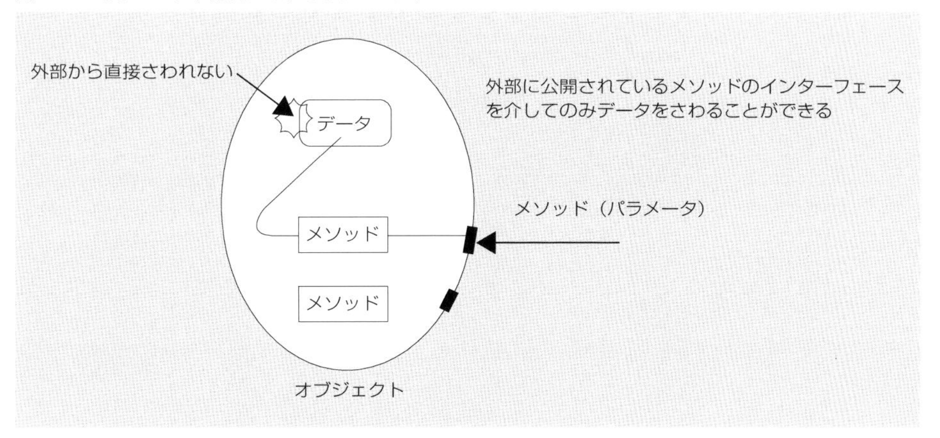

ては第2章で詳しく述べます．

1.4.4　オブジェクト指向モデル

一般にオブジェクト指向の方法論における「**オブジェクト**」とは「**データ**とそれを**操作する手続きを一体化したもの**」であり，このデータに付随する手続きを「**メソッド**」といいます．オブジェクトは外部からメッセージ（とパラメータ）を受け取ったならば，そのメッセージに対応するメソッドを起動して自分の内部のデータを操作し，必要ならばその実行結果を外部の送り手に返します（**図1.15**）．基本的にはオブジェクト内のデータはメッセージを送ることによってしか外部から操作はできず，したがってメソッドが正しく動作するかぎり，矛盾のない状態を保ち続けることが保証されます．

この「オブジェクト」の考えにもとづく方法論を採用した言語がオブジェクト指向言語で，代表的なオブジェクト指向言語にはSmalltalk，C++，Javaなどがあります．また，データと手続きが一体となっているという性質は，ソフトウエア・システムのモジュール設計を容易にすることから，複雑・大規模なソフトウエアの設計の基盤として定着しつつあります．オブジェクト指向を全面的に用いた代表的なソフトウエア設計の方法論としてOMT（Object Modeling Technique）[10]があります．

オブジェクト指向モデルはこのオブジェクト指向の方法論を取り入れたデータモデルです．このオブジェクト指向モデルにもとづくデータベース・システムをオブジェクト指向データベース・システムといいますが，これについては第7章で詳しく述べます．

第2章

関係データベース・システムの基礎

関係モデル／SELECT／FROM／WHERE／操作／検索／更新／
演算（選択・射影・結合）／ソートとグループ化／
実テーブルとビューテーブル／埋め込み型SQL／カーソル操作

現在，実用レベルで広く使用されているデータモデルは関係データモデルであり，それにもとづくデータベースが関係（リレーショナル）データベースです．今後も，当分の間，その地位は揺るがないと思われます．この章では，関係データモデルの基礎事項，関係データベースの検索，キーと索引付け，世界標準であるSQLによるデータベースの構築とその利用などの話題について例題を設定して，解説します．

1970年から2年間ほどの間に，データベースの分野にとって，一連の記念碑的な論文が発表されました[5]．IBM社の**E. F. コッド博士**による関係データベースの理論です．これらの論文が契機となり，世界各地で関係データベースの研究開発が活発に行われ，現在では大型汎用機からパソコンに至るまで，ほとんどの計算機システムがデータベース・システムとして関係データベース・システムを採用しています．

コッド博士は関係データベースの意義と目的をつぎのように列挙しています．

（i）データベース・システムの理論的基盤を築く
（ii）高度のデータ独立性を達成する
（iii）エンドユーザに対してもわかりやすいデータモデルを提供する
（iv）データベース管理者の負担を軽くする
（v）データベースの応用プログラムを，操作手続きをプログラムする手続き的な水準から処理要求の内容のみを呈示する非手続き的な水準に押し上げる

いま，これらの目的が十二分に達成されていることは，関係データベース・システムの現在の普及度を見ればあきらかですし，コッド博士の提案と見通しがいかに当を得たものであったかを実証しています．また，「はじめに」でも述べたように多くの

データベース・モデルがデータ処理の実務経験から発生したものであるのに対して，関係データベースの場合には，まず理論的枠組みが先行したといえるでしょう．

2.1 関係モデルの基礎

2.1.1 集合・関係・定義域・属性

関係モデルを理解するときには，その基盤になっている数学的な枠組みをしっかり把握しておく必要があります．

AとBを任意の集合とするとき，

$$A \times B = \{ (x, y) \mid x \in A, y \in B \}$$

をAとBの直積といいます．

たとえば，集合A，Bをそれぞれ，

$$A = \{ s, t, u \},\ B = \{ p, q \}$$

とすれば，

$$A \times B = \{ (s, p),(s, q),(t, p),(t, q),(u, p),(u, q) \}$$

となります．

A × BはAの要素とBの要素のすべての組み合わせを機械的に尽くしたものですが，$a \in A$と$b \in B$の間になんらかの関係Rがある場合，このRの関係を満たす組み合わせは制限されてA × Bの部分集合になります．ここで「Rという関係」とは「aさんの年齢はb才」であるとか「a課の売上げはb円」であるとか，その他なんでもかまいません．逆に，A × Bの任意の部分集合は$a \in A$と$b \in B$との間のなんらかの関係を規定しているともいえます．部分集合が関係を規定するという立場からA × Bの部分集合RをA × B上の関係R(A,B)といいます．また，関係R(A,B)を構成する元になる集合（AとB）をこの関係の定義域といいます（**図2.1**）．

上の$A = \{ s, t, u \}$はそれぞれ名前を，また　$B = \{ p, q \}$は男性，女性の性別を表すことにすれば，たとえば，

$$R(A,B) = \{ (s,p),(t,q),(u,p) \}$$

という関係は名前sの人は男性，名前tの人は女性，名前uの人は男性という性別の関係を表現しています．

関係の定義域が一般にn個あるときには，この関係をn項関係といい，n項関係の要素をn項組といいます．また，関係の定義域を一意的に識別するための名前を属性といいます．関係は数学的には以上のように特定のn項組の集合なのですが，集合として扱うよりは，各属性の値からなる表としてとらえたほうが，直観的に理解しやすくなります．ちょうど私たちが日頃，目にする帳票のようなイメージを持っていただければよく，帳票に現れる各項目がここでいう属性にあたり，帳票の1行に並んでいる各項目の値の並びがn項組にあたるといえます．

数学的な関係についての上述の定義はつぎのようにデータ処理の世界とうまく対応

図2.1 集合・関係・テーブル

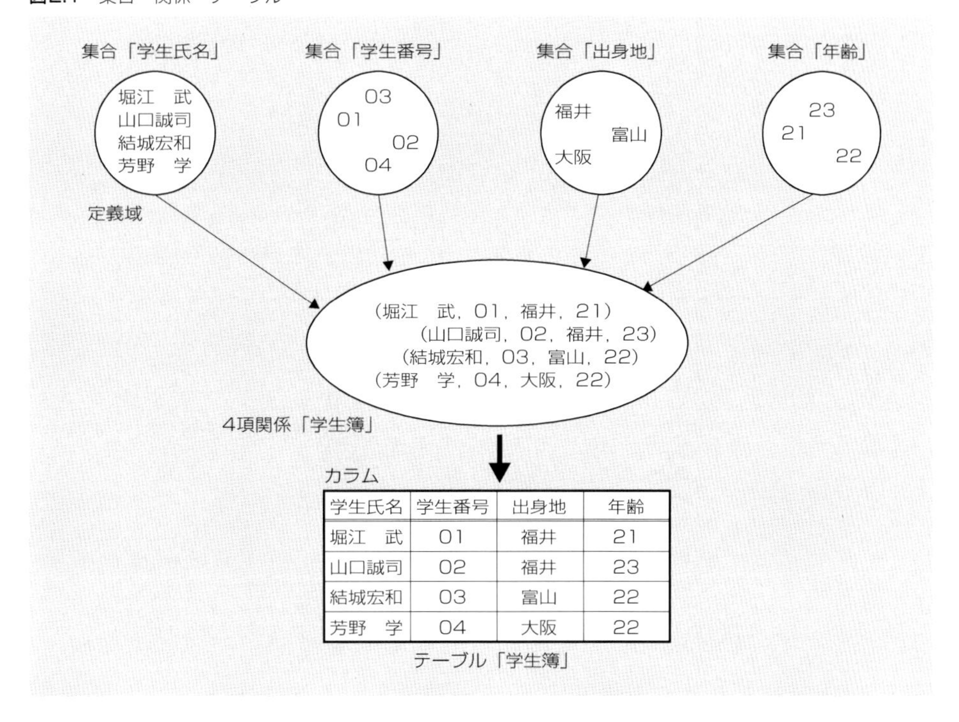

していると考えらます．

属性　——　データ項目あるいはフィールド
n項組　——　レコード
関係　——　テーブル

関係データベースの世界では以上に述べたような表によるデータの記述は概念スキーマに相当するわけですが，概念スキーマはあくまでも論理的にデータを記述するという立場から，計算機によるデータ処理の言葉であるファイルやレコードというような用語は使いません．より論理的な見方を与える，つぎのような用語を使用します．

カラム　——　データ項目あるいはフィールド
タプル　——　レコード
リレーション　——　テーブル

本書では，とくに混乱を起こさないかぎり，これらの用語は混在して使っています．

関係データベースそのものは，関連する名前のついたテーブルの集まりと考えられます．関係データベースは「テーブル」という極度に抽象化された表現をデータモデルとすることにより，高度なデータの独立性が保証されています．

ところで，このテーブルというのはあくまでも関係であり，したがって集合であるという立場から，ファイルとは厳密に等価なものではなく，つぎのような前提があります．

(a) 各行の並ぶ順番には意味がない（各行は集合の要素であるから）
(b) 同じ行が二つ以上存在しない（集合には同じ要素が含まれない）
(c) 各カラムには名前がついているので，カラムの並ぶ順番にも意味はない

これらの前提をはっきりさせておくことは関係データベースに対する見方を混乱させないためにも大切です．ただし，現実のデータベースのテーブルでは，レコードの物理的な並び順は入力順であり，また，同一内容のレコードは複数個格納できることを禁止していません．

テーブルを以上のように定義するとき，関係データベースはテーブルの集合であるといえます．なお，**図2.2**に関係データベースの例を挙げておきますが，本章の以降の例ではすべてこのサンプル・データベースにもとづいて説明することにします．

2.1.2 キー

テーブル中の各レコードを一意的に指定できるカラムはとくにキーまたはキーカラムと呼ばれます．このようなカラムはテーブル中に複数個ある場合もあるし，一つもない場合もあります．

カラムはそれ一つだけでキーとはなり得なくても，複数個のカラムの組でレコードを一意的に指定できる場合もあります．たとえば，**図2.2**の“業者番号＋商品番号”はテーブルSGのレコードを一意的に認識できます．このような性質を持ったカラムの組のうち，カラム数最小の組もキーといいます．単独のキーが全然ない場合でも先

図2.2 文房具在庫管理データベース

S

業者番号	業者名	優良度	所在
S1	ABC社	20	福井
S2	LMN社	10	東京
S3	PQR社	30	東京
S4	STU社	20	福井
S5	XYZ社	30	大阪

G

商品番号	商品名	色	価格	所在
G1	赤鉛筆	赤	120	福井
G2	ノート	青	170	東京
G3	消しゴム	黄	50	京都
G4	消しゴム	白	50	福井
G5	筆箱	青	300	東京
G6	バインダ	緑	250	福井

SG

業者番号	商品番号	在庫量
S1	G1	300
S1	G2	200
S1	G3	400
S1	G4	200
S1	G5	100
S1	G6	100
S2	G1	300
S2	G2	400
S3	G2	200
S4	G2	200
S4	G4	300
S4	G5	400

に述べた前提（b）によって，すべてのカラムを集めた組は必ずレコードを一意に識別するので，テーブルには必ずキーが存在します．**図2.2**の例では，カラム“業者番号”はテーブルSのキーです．また，カラム“業者名”は同名の業者が存在し得る（たまたま同名の業者が存在していないが）とすれば，キーにはなり得ません．また，カラム“商品番号”はテーブルGのキーです．テーブルSGについては単独でキーになり得るカラムは存在しません．しかし，“ある業者が納入したある商品”のペアは一意的です．したがって，（“業者番号”，“商品番号”）はテーブルSGのレコードを一意的に識別するのでSGのキーです．

2.1.3　参照の整合性

テーブルT1中のあるカラム（の組）が別のテーブルT2のキーになっているときには，このカラム（の組）をT1の**外部キー**といいます．たとえば，**図2.3**の場合，テーブルSGのカラム“業者番号”はテーブルSGのキーにはなり得ませんが，テーブルSのキーになっています．したがって，テーブルSGのカラム“業者番号”はテーブルSGの外部キーです．同様に，テーブルSGのカラム“商品番号”もテーブルSGの外部キーです．

テーブルSGに，新たにたとえば，('S6'，'G1'，200）なるレコードが追加されたとしましょう．業者番号S6はテーブルSには未登録です．しかし，いかなる業者も業者テーブルSに登録されるので，テーブルSGに現れる業者番号は，すべてテーブルSにも現れる必要があります．

テーブルのスキーマ定義において外部キーが指定されているときには，外部キーに関するこの性質を満足する必要があります．もし，S6がテーブルSに登録されていないとしたならば，データベース全体としては一貫性のないものになってしまいます．このような性質は外部キー制約といわれます．

図2.3　キーと外部キー

S

業者番号	業者名	優良度	所在
S1	ABC社	20	福井
S2	LMN社	10	東京
S3	PQR社	30	東京
S4	STU社	20	福井
S5	XYZ社	30	大阪

G

商品番号	商品名	色	価格	所在
G1	赤鉛筆	赤	120	福井
G2	ノート	青	170	東京
G3	消しゴム	黄	50	京都
G4	消しゴム	白	50	福井
G5	筆箱	青	300	東京
G6	バインダ	緑	250	福井

SG

業者番号	商品番号	在庫量
S1	G1	300
S1	G2	200
S1	G3	400
S1	G4	200
S1	G5	100
S1	G6	100
S2	G1	300
S2	G2	400
S3	G2	200
S4	G2	200
S4	G4	300
S4	G5	400

2.2 関係データベースに対する操作

2.2.1 検索

関係データベースの検索操作は，通常指定された検索条件の下に以下の三つの演算（選択・射影・結合）を組み合わせた操作を定義するSELECT文によります．

(a) 選択（selection）

関係代数の演算として厳密に定義されるが，直観的には関係（テーブル）を構成するタプルのうちから，特定の条件に合致したタプルを取り出し，新しい関係を作り出す演算です．

(b) 射影（projection）

関係を構成する属性（カラム）のうちから，必要な属性だけを取り出す演算です．

▶ 選択と射影の組み合わせ

［例1］ 優良度が20以上の業者の名前と所在を検索する．

（検索文）

```
SELECT  S.業者名, S.所在
FROM    S
WHERE   S.優良度 >= 20;
```

（結果）

業者名	所在
ABC社	福井
PQR社	東京
STU社	福井
XYZ社	大阪

［例2］ 所在が東京ではない商品の商品名と価格を検索する．

（検索文）

```
SELECT  G.商品名, G.価格
FROM    G
WHERE   G.所在  <>  ´東京´;
```

（結果）

商品名	価格
赤鉛筆	120
消しゴム	50
消しゴム	50
バインダ	250

上記二つのSELECT文の例ではテーブルの各カラムにテーブル名を冠していますが，検索対象のテーブルが唯一のときには省略してもかまいません．

(c) 結合（join）

二つの関係に共通の定義域を持つカラムが含まれる場合，これを手がかりとして，新しい関係を作り出す演算です．共通するカラムの各値が等しいレコードをそれぞれのテーブルから取り出し結合します．通常，共通するカラムは一方のテーブルの外部キーになっており，したがって他方のテーブルのキーになっています．この結合操作はあたかも帳票のある項目の値で同じ項目を持つ別の帳票の項目の値を引くようなイメージを与えます．結合操作は関係データモデルを別のデータモデルと区別する最大の特徴の一つです．

▶選択・射影・結合の組み合わせ

[例3]　在庫商品について，商品番号と納入業者の所在を検索する．

（検索文）

```
SELECT  SG.商品番号, S.所在
FROM  S, SG
WHERE  SG.業者番号  =  S.業者番号;
```

（結果）

商品番号	所在
G1	福井
G2	福井
G3	福井
G4	福井
G5	福井
G6	福井
G1	東京
G2	東京
G2	東京
G2	福井
G4	福井
G5	福井

ここで，SGのカラム‘業者番号’とSのカラム‘業者番号’は二つのテーブルを関係付け，貼り合わせるための糊代の役目を持つといえます．このようなカラムを結合カラムといいます．結合カラムの値の選択がWHERE句の条件で指定されます．通常，この例のように結合カラムの一つは一方のテーブル（テーブルS）のキー（S.業者番号）になっており，他方のカラムは他方のテーブル（テーブルSG）の外部キー（SG.業者番号）になっています．この関係を**図2.4**に示します．

図2.4　結合演算

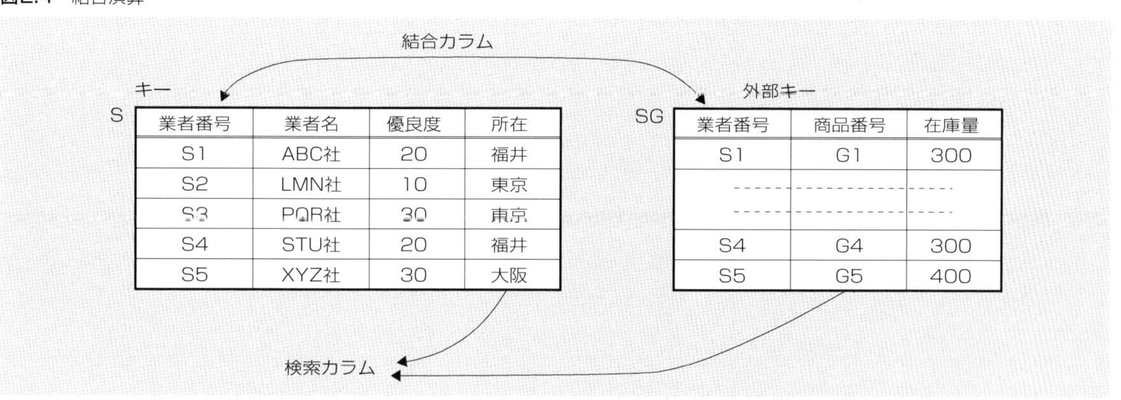

業者番号	業者名	優良度	所在
S1	ABC社	20	福井
S2	LMN社	10	東京
S3	PQR社	30	東京
S4	STU社	20	福井
S5	XYZ社	30	大阪

業者番号	商品番号	在庫量
S1	G1	300
- - -	- - -	- - -
- - -	- - -	- - -
S4	G4	300
S5	G5	400

ところで，［例3］の検索結果をみれば，“G2　福井”，“G4　福井”，“G2　東京”の二つのレコードが重複しています．つぎのようにDISTINCT句を付加すれば重複するレコードの出力は唯一に抑制されます．

（検索文）

```
SELECT DISTINCT SG.商品番号, S.所在
FROM S,SG
WHERE SG.業者番号 = S.業者番号;
```

（結果）

商品番号	所　在
G1	福井
G1	東京
G2	福井
G2	東京
G3	福井
G4	福井
G5	福井
G6	福井

結合処理はどのように行われるのでしょうか．たとえば，上記の例の結合操作について説明しましょう．まず，FROM句に指定された二つのテーブルSとSGの直積がとられます．結果は**表2.1**のような5×12＝60レコードからなるテーブルです．この

表2.1　テーブルSとテーブルSGの直積

S.業者番号	S.業者名	S.優良度	S.所在	SG.業者番号	SG.商品番号	SG.在庫量
S1	ABC社	20	福井	S1	G1	300
S1	ABC社	20	福井	S1	G2	200
S1	ABC社	20	福井	S1	G3	400
S1	ABC社	20	福井	S4	G2	200
S1	ABC社	20	福井	S4	G4	300
S1	ABC社	20	福井	S4	G5	400
S5	XYZ社	30	大阪	S1	G1	300
S5	XYZ社	30	大阪	S1	G2	200
S5	XYZ社	30	大阪	S1	G3	400
S5	XYZ社	30	大阪	S4	G2	200
S5	XYZ社	30	大阪	S4	G4	300
S5	XYZ社	30	大阪	S4	G5	400

60レコードの各々についてWHERE句の条件が検査されます．この場合，テーブルSの業者番号とテーブルSGの業者番号のカラムの値が一致しているかどうかが調べられます．カラムの値が一致しているものに対して，SG.商品番号，S.所在について，射影をとり，結果を出力します．このとき，二つのカラムSG.商品番号，S.所在が結合カラムになります．

ただし，二つのテーブルの直積である**表2.1**のために，実際には記憶領域上にその実体が確保されることはありません．二つのテーブルについて1レコードずつ逐次組み合わせながら，適合するレコードについて射影が出力されますので，直積全体を表現する実体は必要ありません．

［例4］ 在庫がある商品について，それを納入した業者名，商品名，在庫量を検索する．

（検索文）

```
SELECT S.業者名, G.商品名, SG.在庫量
FROM S,G,SG
WHERE S.業者番号 = SG.業者番号  AND  G.商品番号
      = SG.商品番号;
```

（結果）

業者名	商品名	在庫量
ＡＢＣ社	赤鉛筆	300
ＡＢＣ社	ノート	200
ＡＢＣ社	消しゴム	400
ＡＢＣ社	消しゴム	200
ＡＢＣ社	筆箱	100
ＡＢＣ社	バインダ	100
ＬＭＮ社	赤鉛筆	300
ＬＭＮ社	ノート	400
ＰＱＲ社	ノート	200
ＳＴＵ社	ノート	200
ＳＴＵ社	消しゴム	300
ＳＴＵ社	筆箱	400

この例は三つのテーブルS，G，SGの結合です．テーブルSGの業者番号，商品番号をテーブルSおよびGを参照して，名前で参照できるように業者名，商品名にそれぞれ変更するのが目的です．この例の場合には，S×G×SGの三つのテーブルの直積（レコード数は5×6×12=360）の中から，WHERE句で指定された二つの条件を満足する12レコードを選択して表示しています．WHERE句の中の述語はAND，ORやNOTの論理演算子を使用することができます．

［例5］ 供給業者の優良度の20倍以上の在庫量があり，かつ業者の所在が福井である商品の番号，業者名および在庫量を検索する．

(検索文)

```
SELECT SG.商品番号, S.業者名, SG.在庫量
FROM S,SG
WHERE S.業者番号 = SG.業者番号  AND  SG.在庫量 >=
        S.優良度＊20 AND S.所在 = '福井';
```

(結果)

商品番号	業者名	在庫量
G3	ABC社	400
G5	STU社	400

この例ではWHERE句の中で指定される結合条件として今までの例のように＝(equal)ではなく，＜(greater than)や＞(less than)および＜=(less than or equal)，＞=(greater than or equal)，＜＞(not equal)などの他の比較演算子を使用することができます．とくに，比較演算子が＝の場合には**等結合**(equi-join)といいます．

つぎの例は同一テーブルの結合の例です．親会社テーブルTが，

T

業者番号	業者名	親会社
S1	ABC社	
S2	LMN社	
S3	PQR社	S2
S4	STU社	S1
S5	XYZ社	S1

と定義されているものとします．

(検索文)

```
SELECT T2.業者番号, T1.業者名
FROM T T1, T T2
WHERE T1.業者番号 = T2.親会社;
```

(結果)

業者番号	業者名
S3	LMN社
S4	ABC社
S5	ABC社

ここで，T1およびT2は同一のテーブルTを便宜的に区別するための別名です．このように，一つのテーブルをあたかも異なるテーブルのように取り扱って，結合することを自己結合(self-join)といいます(**図2.5**)．自己結合が可能であるためには，

図2.5 自己結合

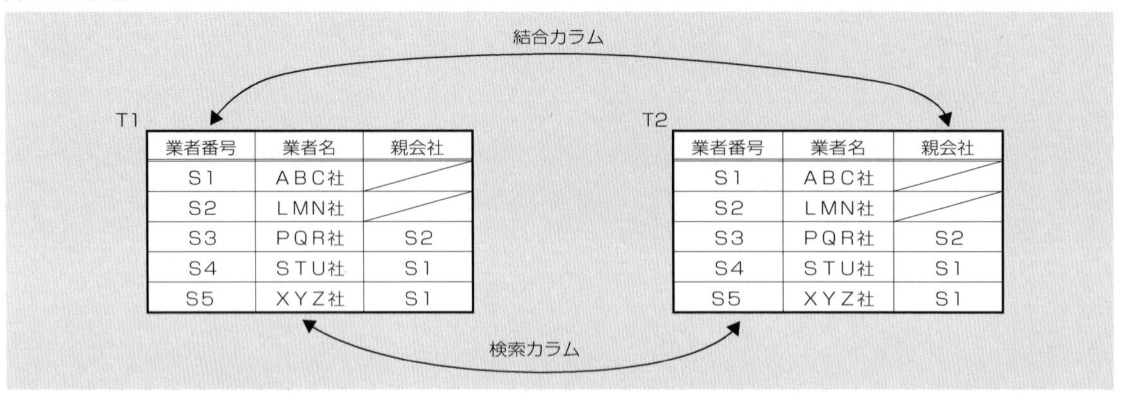

同じテーブルの中に結合可能な二つのカラムが存在する必要があります．

2.2.2 更新操作

(a) 挿入（insert）

一つのテーブルに対して，レコード単位に挿入します（**図2.6（a）**）．ただしテーブルのどこに挿入するかは気にする必要はありません．テーブルはたんなるレコードの集合だからです．

(b) 削除（delete）

一つのテーブルに対して，レコード単位に削除します（**図2.6（b）**）．どのレコードを削除するかを選択条件で指示する必要があります．

(c) 更新（update）

一つのテーブルに対して，レコード単位にカラムの値を更新します（**図2.7**）．特定のカラムのみの更新も可能です．選択条件と新しい値を指示する必要があります．

図2.6 レコードの挿入と削除

業者番号	業者名	優良度	所在
S1	ABC社	20	福井
S2	LMN社	10	東京
S3	PQR社	30	東京
S4	STU社	20	福井
S5	XYZ社	30	大阪

```
INSERT
INTO      S
VALUES    ('S6','IJK社',15,'名古屋')
```

S

業者番号	業者名	優良度	所在
S1	ABC社	20	福井
S2	LMN社	10	東京
S3	PQR社	30	東京
S4	STU社	20	福井
S5	XYZ社	30	大阪
S6	IJK社	15	名古屋

(a) 挿入

業者番号	業者名	優良度	所在
S1	ABC社	20	福井
S2	LMN社	10	東京
S3	PQR社	30	東京
S4	STU社	20	福井
S5	XYZ社	30	大阪

```
DELETE
FROM      S
WHERE     S.優良度<25
```

→

S

業者番号	業者名	優良度	所在
S3	PQR社	30	東京
S5	XYZ社	30	大阪

(b) 削除

図2.7 レコードの更新

業者番号	業者名	優良度	所在
S1	ABC社	20	福井
S2	LMN社	10	東京
S3	PQR社	30	東京
S4	STU社	20	福井
S5	XYZ社	30	大阪

```
UPDATE    S
SET S.    所在= '奈良'
WHERE     S.所在= '福井' AND  S.優良度>15
```

→

S

業者番号	業者名	優良度	所在
S1	ABC社	20	奈良
S2	LMN社	10	東京
S3	PQR社	30	東京
S4	STU社	20	奈良
S5	XYZ社	30	大阪

2.2.3 副問い合わせ

たとえば，2.2.1節で述べたSELECT文の検索結果に対して，さらに検索や更新操作を行いたいという要求がしばしば起こります（たとえば，検索の絞り込み操作など）．このときには，副問い合わせの機能が使用できます．副問い合わせとは，探索条件の中に置かれたSELECT文であり，そのSELECT文の検索結果として得られるカラムデータの集合を検索条件として使用します．以下に副問い合わせの例を示します．

［例6］在庫量が200以上の商品番号'G2'の商品を納入した業者の業者名と所在を検索する．

（検索文）

```
SELECT S.業者名, S.所在
FROM S
WHERE S.業者番号 IN
        (SELECT SG.業者番号
         FROM SG
         WHERE SG.商品番号 = 'G2'
              AND SG.在庫量 >= 200);
```

（括弧内の部分：副問い合わせ）

（結果）

業者名	所在
ABC社	福井
LMN社	東京
PQR社	東京
STU社	福井

この例の場合，副問い合わせを実行すると{'S1', 'S2', 'S3', 'S4'}が検索されますが，この結果は外側のSELECT文に渡されて，

```
SELECT S.業者名, S.所在
FROM S
WHERE S.業者番号 IN
        {'S1','S2','S3','S4'}
```

が実行されます．このようなIN述語は論理的には何重にでもネストできます．

なお，この副問い合わせを含む検索文はつぎのような結合操作による検索文と等価です．

（検索文）

```
SELECT S.業者名, S.所在
FROM S, SG
WHERE SG.商品番号 = 'G2'
        AND S.業者番号 = SG.業者番号
        AND SG.在庫量 >= 200;
```

他の重要な副問い合わせとして，相関副問い合わせと呼ばれるものがあります．

［例7］業者番号'S4'の業者が納入している商品の商品名とその色を検索する．

（検索文）

```
SELECT G.商品名, G.色, G.価格
FROM G
WHERE 'S4' IN
    (SELECT SG.業者番号
    FROM  SG
    WHERE SG.商品番号 = G.商品番号);
```

（結果）

商品名	色	価格
ノート	青	170
消しゴム	白	50
筆箱	青	300

相関副問い合わせの処理はつぎのように行われます．まず，外側のSELECT文のFROM句で指定されたテーブルGの最初のレコードG1が選ばれます．このレコードの商品番号'G1'が内側のSELECT文のG.商品番号に代入された後，内側のSELECT文が評価されます．

```
    SELECT SG.業者番号
    FROM  SG
    WHERE SG.商品番号 = 'G1';
```

検索の結果は，

商品番号
S1
S2

となりますが，この結果には'S4'は含まれません．つづいて，テーブルGのつぎのレコードG2が選ばれて，同様に内側のSELECT文が評価されます．検索の結果，

商品番号
S1
S2
S3
S4

となりますが，この結果には，'S4'が含まれるので，外側のSELECT文において，レコードG2のG.商品名，G.色，G.価格カラムの射影がとられて，

商品名	色	価格
ノート	青	170

が出力されます．以下同様にテーブルGの最後のレコードまで，内側と外側のSELECT文を交互に評価していき，求める検索結果を得ます．

なお，この相関副問い合わせを含む検索文はつぎのような結合操作による検索文と等価です．

（検索文）

```
SELECT G.商品名, G.色, G.価格
FROM G, SG
WHERE SG.業者番号 = 'S4'
        AND SG.商品番号 = G.商品番号;
```

相関型の副問い合わせでは，テーブルGのレコード数の2倍の数のSELECT文による検索を行う必要があります．結合操作は実行コストを要する操作ですが，一度で済むので，相関型の副問い合わせに比べて，実行効率が高いといえます．

2.2.4 集約関数

テーブルに対しては，ある条件を満足するレコードを検索する機能とは別に，テーブル中のデータに関する各種統計情報を計算する機能があります．これらはつぎの関数です．

COUNT	テーブル中のレコード数
SUM	引数に指定されたカラム値の合計
AVG	引数に指定されたカラム値の平均
MAX	引数に指定されたカラム値の最大値
MIN	引数に指定されたカラム値の最小値

［例8］平均値より高い優良度の業者名と優良度を検索する．

（検索文）

```
SELECT S.業者名, S.優良度
FROM  S
WHERE  S.優良度 >
        (SELECT AVG(S.優良度) FROM S);
```

（結果）

業者名	優良度
ＰＱＲ社	30
ＸＹＺ社	30

集約関数はWHERE句の中に直接，指定することはできません．また，つぎの2.2.5節のGROUP BY 句，HAVING句にともなって現れる場合を除いて，SELECT句中でカラムの指定とともに並置できません．したがって，つぎの文はいずれも構文誤りです．

```
SELECT S.業者名, S.優良度
FROM  S
WHERE  S.優良度 > AVG(S.優良度);

SELECT S.優良度, AVG(S.優良度)
FROM  S;
```

2.2.5 ソートとグループ化

(a) ORDER BY 句

指定したカラムについて，値の順に検索結果のレコードを並べることができます．昇順はASC（既定），降順はDESCを指定します．

[例9] 価格の降順に商品を並べる．

（検索文）

```
SELECT  G.商品名, G.価格
FROM    G
ORDER BY G.価格 DESC
```

（結果）

商品名	価格
筆箱	300
バインダ	250
ノート	170
赤鉛筆	120
消しゴム	50
消しゴム	50

ORDER BY句はWHERE句とともにつぎのように用いることができます．このときにはWHERE句の条件を満足するレコードについて，ORDER BY句が適用されます．

（検索文）

```
SELECT  G.商品名, G.価格
FROM    G
WHERE G.価格 BETWEEN
        (SELECT AVG(G.価格) FROM G) AND
        (SELECT MAX(G.価格) FROM G)
ORDER BY G.価格 DESC;
```

（結果）

業者名	価格
筆箱	300
バインダ	250
ノート	170

X BETWEEN A AND B はXの値がA以上かつB以下であることを表します．

(b) GROUP BY 句，HAVING 句

指定されたカラムについて同じ値を持つレコードがグループ化されます．SELECTに指定される集約関数はグループごとに適用されます．HAVING句はある条件を満

たす特定のグループを選択するための条件です．この中には集約関数が使用できます．

［例10］ 商品番号ごとに在庫量の合計が500以上のものについて，商品番号および在庫量の合計を求める．

（検索文）

```
SELECT SG.商品番号, SUM(SG.在庫量)
FROM SG
GROUP BY SG.商品番号 HAVING SUM(SG.在庫量) >= 500;
```

テーブルG

業者番号	商品番号	在庫量
S1	G1	300
S1	G2	200
S1	G3	400
S1	G4	200
S1	G5	100
S1	G6	100
S2	G1	300
S2	G2	400
S3	G2	200
S4	G2	200
S4	G4	300
S4	G5	400

→

（結果）

商品番号	SUM(在庫量)
G1	600
G2	1000
G4	500
G5	500

2.2.6 集合演算

レコードの集合としてのテーブルについて，集合和，集合差，集合積等の集合演算が使用できます．これらは，それぞれUNION，EXCEPT，INTERSECTION 演算子です．

［例11］ 在庫量が200以下かまたは価格が200円以上の商品の名前と色を求める．

（検索文）

```
SELECT G.商品名, G.色
FROM G, SG
WHERE (G.商品番号 = SG.商品番号) AND (SG.在庫量 <= 200)
UNION
SELECT G.商品名, G.色
FROM G
WHERE G.価格 >= 200;
```

（結果）

商品名	色
バインダ	緑
筆箱	青
消しゴム	白
ノート	青

[例12] 在庫量が200を超えており，所在が福井以外の商品の名前と価格を求める．

（検索文）

```
SELECT G.商品名, G.価格
FROM G, SG
WHERE (G.商品番号 = SG.商品番号) AND (SG.在庫量 > 200)
EXCEPT
SELECT G.商品名, G.価格
FROM G
WHERE G.所在 = '福井' ;
```

（結果）

商品名	価格
筆箱	300
ノート	170

この例と同様の検索を行うSQL文として，

```
SELECT G.商品名, G.価格
FROM G, SG
WHERE (G.商品番号 = SG.商品番号) AND (SG.在庫量 > 200)
            AND (G.所在 <> '福井' );
```

が考えられます．例11の結合演算を行う前半のSELECT文のWHERE句に“所在が福井でない”という条件をANDで追加したものです．この検索結果は，

商品名	価格
消しゴム	50
ノート	170
筆箱	300

となり，結果が一致しません．例11の前半および後半のSELECT文を単独で実行した結果は

前半のSELECT文

商品名	価格
赤鉛筆	120
消しゴム	50
赤鉛筆	120
ノート	170
消しゴム	50
筆箱	300

後半のSELECT文

商品名	価格
赤鉛筆	120
消しゴム	50
バインダ	250

となり，この二つの差集合をとった結果は上の（結果）のようになります．一方，AND で条件を追加したSELECT文の場合には，（消しゴム，50）のレコードが余分に検索結果に含まれています．前半のSELECT文の結果に含まれる（消しゴム，50）の二つのレコードの一つは“所在”カラムが“京都”のものであるのですが，射影演算

で所在カラムが除去されたために見かけ上，同じレコードが二つ存在しています．前者のEXCEPT演算による場合には，後半のSELECT文の結果に一致するレコードがいずれも引き去られるので，（消しゴム，50）は最終結果に現れません．後者の結合演算のみによる場合には，二つのテーブルの直積（G×SG）をとった上で，その各々のレコード（計6×12=60レコード）に対して，WHERE句の三つの条件でフィルタリングを行います（詳しくはp.30の2.2.1節（c）参照）．フィルタリングの結果には，“所在”が“京都”の分の（消しゴム，50）レコードが最終結果に含まれることになります．なお，（赤鉛筆，120）のレコードもEXCEPT演算の場合の前半のSELECT文単独の実行結果に二つ現れていますが，これらはいずれも“所在”が“福井”であるものの寄与ですから，後者の結合演算のみによる場合には共に除外されています．

ここで，“所在”カラムも射影カラムに追加すれば“所在”によるレコードの識別が可能になり，検索結果は両者のSELECT文で一致します．

```
SELECT G.商品名，G.価格，G.所在
FROM G, SG
WHERE （G.商品番号 = SG.商品番号）AND（SG.在庫量 ＞ 200）
EXCEPT
SELECT G.商品名，G.価格，G.所在
FROM G
WHERE G.所在 = ‘福井’；

SELECT G.商品名，G.価格，G.所在
FROM G, SG
WHERE （G.商品番号 = SG.商品番号）AND（SG.在庫量 ＞ 200）
            AND（G.所在 <> ‘福井’）;
```

の二つの問い合わせの検索結果は，両方とも

商品名	価格	所在
消しゴム	50	京都
ノート	170	東京
筆箱	300	東京

となります．

この例からもわかるように，一般にSQLにおける個々の演算は，その処理アルゴリズムのレベルで正確に把握していなければ，混乱を招くことがしばしばあり得ます．

2.3 実テーブルとビューテーブル

ところで，先に述べたように関係データベースそのものはテーブルの集合として記述され，これは概念スキーマに相当します．それでは，個々の応用プログラマから見た関係データベースの視点，すなわち，外部スキーマに相当するものはどのように記述されるのでしょうか．

関係データベースの場合，概念スキーマから外部スキーマ相当のものを生成する原動力は関係代数特有の先の演算にあります．先の三つの演算により関係データベースのテーブルは検索され，検索結果は新しいテーブルを与えます．

しかし，ここで注意する必要があるのは，こうしてできた新しいテーブルは，もとのテーブルのように物理的な記憶ファイルとして存在するわけではないということです．新しいテーブルは実際に存在しているもとのテーブル（の集まり）の中のどの部分を使用するかという範囲を指定したものにすぎないのです．もちろん，この範囲は個々の業務処理の内容によって決定されるべきものです．もとのテーブルを実テーブル（base table），演算によって新しくできるテーブルをビューテーブル（view table）と呼んで区別します．

通常，このようなビューテーブルは一時的なものであり，検索文の実行結果として表示した時点で消滅してしまうと考えられますが，とくにビューテーブル定義文（create view文）により，名前をつけてビューテーブルとして定義することができます．一度定義したならば，ビューテーブルとはいえ，以後，実テーブルとほぼ同等に扱うことができます．この性質は非常に重要であり，数学的な表現をすれば，

“テーブル集合は選択，射影，結合の演算において閉じている”

といった言い方をします．

ビューテーブルと実テーブルの関連付けは DBMS が集中して管理しています（**図**

図2.8 実テーブルとビューテーブル

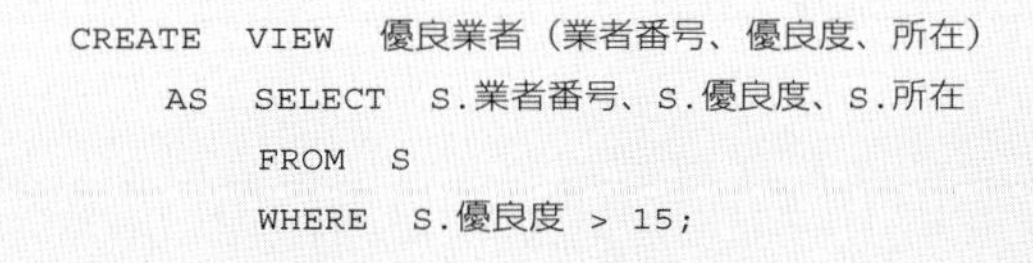

```
CREATE  VIEW  優良業者（業者番号、優良度、所在）
    AS  SELECT  S.業者番号、S.優良度、S.所在
        FROM  S
        WHERE  S.優良度 > 15;
```

優良業者（ビューテーブル）

業者番号	優良度	所在
S1	20	福井
S3	30	東京
S4	20	福井
S5	30	大阪

DBMS

S（実テーブル）

業者番号	業者名	優良度	所在
S1	ABC社	20	福井
S2	LMN社	10	東京
S3	PQR社	30	東京
S4	STU社	20	福井
S5	XYZ社	30	大阪

2.8）．関係データベースにおける外部スキーマはビューテーブルの記述に相当することは，以上の説明で明らかでしょう．

ビューテーブルに対しては，実際にデータ実体の記憶領域が確保されないとするならば，ビューテーブルはDBMS内部ではどのように管理されているのでしょうか？実テーブルの使用範囲を記憶するには，AS以降のSELECT文あるいはそのコンパイル結果の構文木がそのまま記録されます．また，ビューテーブルへの検索要求に対しては，ビュー定義のSELECT文との対応関係にもとづき，実テーブルに対する検索要求に翻訳されます．たとえば，実テーブルSおよびビューテーブル“優良業者”の結合に対するつぎの検索文，

```
SELECT S.業者名, 優良業者.優良度
FROM S, 優良業者
WHERE 優良業者.業者番号 = S.業者番号  AND  優良業者.所在 = '福井';
```

は

```
SELECT S1.業者名, S2.優良度
FROM S S1, S S2
WHERE (S2.業者番号 = S1.業者番号  AND  S2.所在 = '福井')
        AND S2.優良度 > 15
```

と翻訳されて，実テーブルSに対するSELECT文が実行されます．ビューテーブルであっても実テーブルと同じように取り扱われ，実テーブルとの結合がとられていることに注意してください．上記，SELECT文において，FROM 句のS1, S2はともにSの別名（alias）です．

この例の場合，テーブル“優良業者”は実テーブルSに，カラム名“優良業者.優良度”は実テーブルSのカラム“優良度”に，また，“優良業者.業者番号”はSの“業者番号”，“優良業者.所在”は Sの“所在”にそれぞれ対応づけられます．さらに，ビュー定義に現れるWHERE句の条件は検索文のWHERE句に現れる条件との論理積（AND）がとられます．

ビューテーブルを定義することにより，ユーザは同じ問い合わせを繰り返しタイプ入力せずにデータを取得することができます．ビューテーブルはその定義中のSELECT文が長かったり，複雑であったり，結合演算を含む場合には，実用的に有効です．

もうひとつ，ビューテーブルの例を示します．**表2.2**は文献[14]（p.186）で説明されている分散型DBMSにおいて，**図2.2**のデータベースを格納したときのシステムテーブルの内容です．システムテーブルは一般にはシステムカタログと呼ばれ，データ

表2.2　システムテーブル（A）

ユーザ名	テーブル名	カラム名	索引	データ型	カラム詳細情報へのポインタ	ホスト名	データベース型	物理テーブル名
加藤	S	業者番号	1	7	1858	peach	sample	s
加藤	S	業者名	0	7	2000	peach	sample	s
加藤	S	優良度	0	1	2290	peach	sample	s
加藤	S	所在	0	7	2432	peach	sample	s
木本	G	商品番号	1	7	0	fuis	/usr/kimoto/data/parts	prt
木本	G	商品名	0	7	0	fuis	/usr/kimoto/data/parts	prt
木本	G	色	0	7	0	fuis	/usr/kimoto/data/parts	prt
木本	G	価格	0	1	0	fuis	/usr/kimoto/data/parts	prt
木本	G	所在	0	7	0	fuis	/usr/kimoto/data/parts	prt
林	SG	業者番号	2	7	0	peach	database/quant	sg
林	SG	商品番号	2	7	0	peach	database/quant	sg
林	SG	在庫量	0	1	0	peach	database/quant	sg

ベースの各要素（データベース，テーブル，カラムなど）に関するメタ情報（定義情報）を格納したテーブルです．DBMSがデータベース操作を行うときには，このシステムテーブルをSELECT文で検索して情報を取り出します．**表2.2**において，“**ユーザ名**”はテーブルを作成したユーザの名前，“**テーブル名**”は論理テーブルの名前，“**索引**”は当該カラムに付与されている索引の種類を表しています（0は索引が付与されていないことを表す）．“**データ型**”はカラムのデータ型，“**カラム詳細情報**”は当該カラムの詳細情報を格納するディスク・ロケーションへのオフセットです．ホスト名は当該テーブルを格納しているマシン名を表し，**物理テーブル名**は論理テーブルがバインドされる物理テーブルの名前です．このシステムテーブルにはテーブルの所在をはじめとするテーブルに関する情報と，テーブル中のカラムに関する情報が混在して配置されていて，大変わかりにくいといえます．

ビューテーブルの機能を使えば，このシステムテーブルAを，論理的に二つに分けることができます．一つはテーブル情報を検索するためのテーブル（Bとする（**表2.3**）），もう一つはカラム情報を検索するためのテーブル（Cとする（**表2.4**））です．BはAを用いて，

表2.3　テーブル情報（B）

ユーサ名	テーブル名	ホスト名	データベース型	物理テーブル名
加藤	S	peach	sample	s
木本	G	fuis	/usr/kimoto/data/parts	prt
林	SG	peach	database/quant	sg

表2.4 カラム情報（C）

テーブル名	カラム名	データ型	索引	カラム詳細情報へのポインタ
S	業者番号	7	1	1288
S	業者名	7	0	1394
S	優良度	1	0	1500
S	所在	7	0	1606
G	商品番号	7	1	0
G	商品名	7	0	0
G	色	7	0	0
G	価格	1	0	0
P	所在	7	0	0
SG	業者番号	7	2	0
SG	商品番号	7	2	0
SG	在庫量	1	0	0

```
CREATE VIEW B（ユーザ名，テーブル名，ホスト名，データベース名，物理テーブル名）
AS
SELECT DISTINCT A.ユーザ名，A.テーブル名，A.ホスト名，A.データベース名，
                A.物理テーブル名
FROM A;
```

として定義されます．また，Cは

```
CREATE VIEW C（テーブル名，カラム名，データ型，索引，カラム詳細情報）
AS
SELECT DISTINCT A.テーブル名，A.カラム名，A.データ型，A.索引，A.カラム詳細情報
FROM A;
```

として定義されます．このとき，テーブル検索に対してはビューテーブルB，カラム検索に対してはビューテーブルCを使用して，通常のSQLのSELECT文により，情報を取り出すことができます．

外部スキーマとしてのビューテーブルには，特定のデータを特定のユーザに隠蔽することにより，データ保護を達成するという効用があります．たとえば，あるユーザに対して，システムテーブル中のカラム情報の詳細を隠蔽したいときには，そのユーザが実テーブルAを参照することを禁止して，その代わりにビューテーブルBを参照可として，テーブル情報のみを参照させることができます．

なお，元のシステムテーブルAはビューテーブルBとCを結合して，

```
CREATE VIEW A (ユーザ名, テーブル名, カラム名, データ型, 索引,
                カラム詳細情報, ホスト名, データベース名, 物理テーブル名)
AS
SELECT B.ユーザ名, B.テーブル名, C.カラム名, C.データ型, C.索引,
       C.カラム詳細情報, B.ホスト名, B.データベース名, B.物理テーブル名
FROM B, C
WHERE B.テーブル名 = C.テーブル名;
```

と表されます.

2.4 ビューテーブルの更新異状

ビューテーブルに対する更新はどのように扱われるのでしょうか. ビューテーブルは物理的な実体を持たない論理的なテーブルなので, 実際の物理的な更新は実テーブルの対応する部分に対して行われます. DBMS が実テーブルとビューテーブルの関連付けを正しく管理しているかぎり, 実テーブルに対する更新結果はビューテーブルにも正しく反映されます. ただし, 逆にビューテーブルに対して, いかなる更新操作も可能かというとそうではなく, 問題が起きる場合があります.

たとえば, [例3] のSELECT文により, 以下のビューテーブル "業者所在" を定義したとします.

```
CREATE VIEW 業者所在 (商品番号, 所在)
AS
SELECT SG.商品番号, S.所在
FROM S, SG
WHERE SG.業者番号 = S.業者番号;
```

このビューテーブルより, レコード ('G1', '福井') を削除したとき, 対応する実テーブルSおよびSGに加えられる可能性のある変更として, たとえば, つぎのような種々のケースが考えられます.

(a) 業者S1をテーブルSから登録抹消した

このときには, 2.1.3節 (p.29) で述べた外部キー制約によりテーブルSGから, 業者番号S1の6レコードがすべて削除されます.

(b) 業者S1が福井から他の場所に移動した

このときには, テーブルSのS1レコードの "所在" カラムが更新されます.

(c) 業者S1が供給した商品G1の在庫がなくなった

このときには，テーブルSGよりレコード（'S1'，'G1'，300）が削除されます．

これらは，現実に起こるそれぞれのケースに依存しているので，一意的に決定することはできません．この他にも，ビューテーブルの更新に際して問題が起きる場合がいくつかあります．

2.5 SQL言語とデータベースの定義

2.5.1 SQL言語

データベースの概念スキーマ，外部スキーマは共にデータ定義言語といわれる専用の言語を使って記述されます．また，これらのスキーマに対する2.2節で述べたような諸操作はデータ操作言語といわれる，これも専用の言語によって記述されます．関係データベースの場合，現在，SQL（Structured Query Language）と呼ばれる言語がこれらの言語の世界的な標準となっています．SQL 言語の機能とコマンドはつぎのように分類されます．

(a) スキーマ定義（図2.9）

実テーブルやビューテーブルの定義，およびこれらの保護のレベルを指定する「権限」の定義からなるデータベーススキーマの定義．

- ・CREATE　　スキーマ，テーブル（実テーブル），ビューテーブルなどの定義
- ・GRANT　　権限（パーミッション）の定義

(b) スキーマ操作

テーブルの追加・削除，カラムの追加・削除など，スキーマ定義の変更を伴う操作．これらの操作はスキーマ進化（Schema Evolution）と呼ばれます．

- ・DROP　　スキーマ，テーブル，ビューテーブルなどの削除
- ・REVOKE　　権限の削除
- ・ALTER　　テーブルの変更
- ・ADD　　カラムの追加

(c) データ操作

データベース中のデータそのものに対する操作です．

（i）テーブル操作（検索，挿入，削除，更新操作）

- ・SELECT　　テーブル，ビューテーブルの検索
- ・INSERT　　テーブル，ビューテーブルにレコード挿入
- ・DELETE　　テーブル，ビューテーブルからのレコード削除
- ・UPDATE　　テーブル，ビューテーブルのレコード更新

図2.9 データ定義言語による実テーブル，ビューテーブルおよび権限の定義

```
CREATE SCHEMA AUTHORIZATION  渡辺                                    [注1]

   CREATE TABLE S
      ( 業者番号   CHAR(5)      NOT NULL,                            [注2]
        業者名     CHAR(20),
        優良度     INTEGER,
        所在       CHAR(15),
        UNIQUE     (業者番号) )                                      [注3]

   CREATE TABLE G
      ( 商品番号   CHAR(5)      NOT NULL,
        商品名     CHAR(20),
        色         CHAR(6),
        価格       INTEGER,
        UNIQUE     (商品番号) )

   CREATE TABLE SG
      ( 業者番号   CHAR(5)      NOT NULL,
        商品番号   CHAR(5)      NOT NULL,
        数量       DECIMAL(5),
        UNIQUE     (業者番号,商品番号) )

   CREATE VIEW 優良業者 (業者番号,優良度,所在)                        [注4]
      AS SELECT S.業者番号,S.優良度, S.所在
         FROM   S
         WHERE  S.優良度>15

   CREATE VIEW 商品在庫量 (商品番号,商品名,在庫量)                    [注5]
      AS SELECT DISTINCT G.商品番号,G.商品名, SG.在庫量
         FROM   G, SG
         WHERE  G.商品番号 = SG.商品番号

   GRANT INSERT, DELETE, UPDATE ON SG TO 山中                        [注6]

   GRANT UPDATE(優良度) ON S TO 松山 TO 川口 WITH GRANT OPTION       [注7]

   GRANT INSERT ON 優良業者 TO 中村, 奥村                            [注8]
```

[注1] 以下の定義によるデータベースは「渡辺」の所有であることを表す．
[注2] NOT NULL はこのカラムの値が必ず定義される必要があることを表す．
[注3] UNIQUEは（）内に指定されたカラムの値がレコードを一意的に識別するキーであることを表す．
[注4] ビューテーブル「優良業者」を定義する．
[注5] ビューテーブル「商品在庫量」を定義する．
[注6] 実テーブルSGについて挿入，削除，更新の各操作を「川口」に許可する．
[注7] 実テーブルSのカラム「優良度」の更新操作を「松山」と「川口」に許可する．「川口」はその権限をGRANT OPTION込みで第三者に与えることができる．
[注8] ビューテーブル「優良業者」について挿入操作を「中村」，「奥村」に許可する．

（ii）カーソル操作

- ・DECLARE CURSOR　カーソルの宣言
- ・OPEN　カーソルのオープン
- ・FETCH　行の取り出し
- ・CLOSE　カーソルのクローズ

(iii) トランザクション処理

・COMMIT　　データベースの更新処理を確定

・ROLLBACK　データベースの更新処理を取り消す

2.3節で触れたデータベース要素のメタ情報を格納するシステムカタログ（システムテーブル）に対する操作の見地からは上記の（a）（b）（c）の操作はつぎのように位置づけられます．

(a) スキーマ定義

システムカタログがスキーマ定義に対応するメタ情報により初期化されます．

(b) スキーマ操作

システムカタログがスキーマ操作（進化）により挿入・削除・更新されます．

(c) データ操作

システムカタログがテーブルデータを操作するために検索されます．

SQL 操作言語の検索文はいままで見てきたように SELECT 文であり，その基本型は

```
SELECT  どのカラムのデータを
FROM    どのテーブルから
WHERE   どういう条件で
```

と宣言するだけです．従来言語のように検索するための手続きをプログラミングする必要はありません．このことが関係データベースの操作言語は「非手続き的である」とか，「宣言的である」とかいわれるゆえんであり，プログラムのわかりやすさとか保守性のよさを保証しているといえます．もちろんCやPascalなどの従来言語を使っても，検索手続きをライブラリ化することにより，このことは可能ですが，これらとは異なり言語の基本レベルとして宣言的であるといえます．

2.2節, **2.3**節で示した例はすべて SQL言語で書かれています．SQLは1987年にISO（国際標準化機構）により，公式規格として整備され，日本でも JIS規格として出版されています． SQLに関してより詳しく知りたいときは，たとえば文献[6]（p.186）が参考になります．

2.5.2　データベース・スキーマの定義

SQLによるデータベース・スキーマの定義は CREATE SCHEMA 文で行われます．すでに述べたようにデータベースはテーブルの集合であり，CREATE SCHEMA 文に引き続いて，実テーブルやビューテーブルが定義されます．これらの定義は，それぞ

れ CREATE TABLE 文，CREATE VIEW 文で行われます．CREATE TABLE 文ではテーブル中のカラムの名前，型，キーの指定などを含みます．

2.6 ホスト言語とのインターフェース（埋め込み型SQL）

データベースの外部に蓄えられている大量のデータをデータベースに取り込みたい場合，あるいはデータベース中のデータを DBMS の管理から離れて，自由に加工して外部で使用したいというような場合には専用のデータベース言語だけでは不十分です．データの加工にかけてはより強力な従来の高級言語の力を借りる必要があります．

SQLではPL/IやCOBOLなどいくつかの言語に対するインターフェースが提供されています．これらの言語は埋め込み型SQLのホスト言語といいます．**図2.10**にCをホスト言語とする埋め込み型SQLプログラムの例を示します．

埋め込み型SQL文は“EXEC SQL”の指示子を前置して，以降がSQL文の実行であることを示します．

“BEGIN DECLARE SECTION”により，SQL文に対して値をやり取りするためのC言語の変数を宣言します．埋め込み型SQL文の中では“：価格”のように，“：”を前置して，C言語の変数であることを示します．sqlcodeは特別の変数であり，SQL文の実行エラーコードがセットされます．エラーがなければ0がセットされます．

通常，埋め込み型SQL文を含むプログラムはプリプロセッサにより，APIライブラリ関数呼び出しにトランスレートされ，ホスト言語のプログラムに変換されます．

図2.10 C言語プログラムに対するSQLインターフェース（埋め込み型SQL）

```
EXEC SQL BEGIN DECLARE SECTION
  char  商品番号[6], 商品名[10];           /* Cの変数宣言 */
  int  価格;                              /* Cの変数宣言 */
EXEC SQL END DECLARE SECTION
・・・・・・・・・・・・・・・・・・・・・・・・・・・
・・・・・・・・・・・・・・・・・・・・・・・・・・・
strcpy(:商品番号 , "G6");               /*  :の付いた変数はホスト言語の変数 */

EXEC  SQL  SELECT  G.価格             /*  EXEC SQLは以下がSQL文であることを表す */
           INTO    :価格
           FROM  G
           WHERE   G.商品番号 = :商品番号
 /* sqlcodeは特別の変数で, SQL 文実行中にエラーがあれば, その番号が返る. */
 if  ( sqlcode  <> 0)  ・・・・・・・・・・      /* エラー発生 */
      else  ・・・・・・・・・・;                   /* エラーがなかった */
```

2.7 カーソル操作

2.4節 でも述べたように SQL は宣言的な言語であり，Pascal や Cといった従来言語のように検索するための手続きをプログラミングする必要がありません．したがって，埋め込み型SQLを使ったアプリケーションの場合には宣言的なプログラミングと手続き的なプログラミングの方法論が混在することになります．さらに，データ操作の基本単位がSQLの場合にはテーブル（レコード集合）であるのに対して，従来の手続き型言語の場合にはもっと小さな単位であるレコードやデータ項目のレベルであるといえます．これらのプログラミング方法論の違いや，データ操作の基本単位の違いにもとづくSQLとホスト言語との親和性のなさは，通常インピーダンス・ミスマッチと呼ばれています．したがって，埋め込み型SQLを使って，手続き型言語であるホスト言語の力を借りてデータ処理を行う場合には，このミスマッチを解消するための手段が必要となります．このミスマッチを緩和するために，埋め込み型SQLでは「カーソル」機能が提供されています．カーソル機能により検索結果のレコード集合が1レコードずつ逐次取り出され，ホスト言語においてレコード単位に処理されます（**図2.11**）．

カーソルは検索結果のレコード集合への“ポインタ”として機能し，FETCH文でレコードが読み出されたならば，つぎのレコードにセットされます．また，カーソルが指示しているレコードの更新や削除も可能であり，更新，削除を受けた場合にはデータベース中の対応するテーブルのレコードが更新，削除されます．

前節の埋め込み型SQL言語のプログラムにおいて，検索結果が複数のレコードとなる場合を考えましょう．**図2.12**のコードは，商品の価格が100円より高いものについて，価格の標準偏差を求めるものです．平均を求める集約関数（AVG）がSQLで使用できますが，標準偏差を求める関数はサポートされていません．

図2.11　カーソル

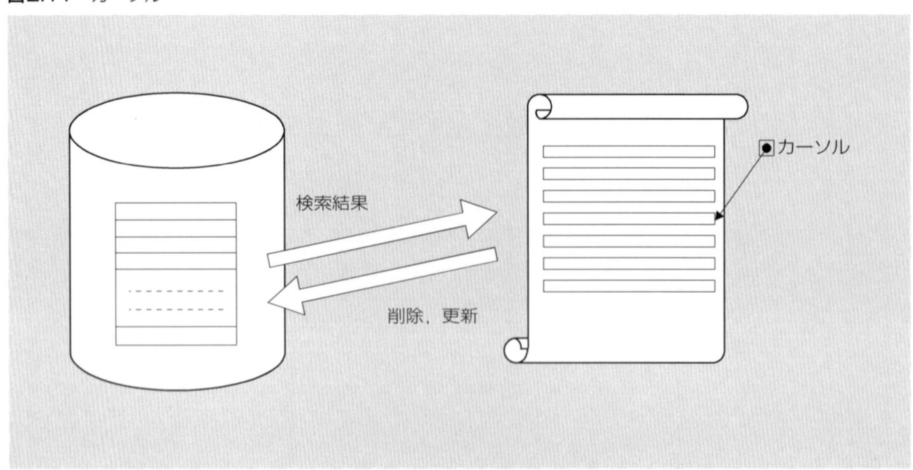

図2.12 カーソル操作で標準偏差を求める

```
EXEC SQL BEGIN DECLARE SECTION
  int  価格;                                   /* Cとの交信用変数宣言 */
  float 平均;                                  /* Cとの交信用変数宣言 */
EXEC SQL END DECLARE SECTION;

EXEC SQL DECLARE W CURSOR FOR                                /* カーソルを宣言 */
         SELECT G.商品番号, G.価格
         FROM G
         WHERE G.価格 > 100;

EXEC SQL SELECT AVG(G.価格)                                   /* 平均を検索 */
         INTO :平均
         FROM G
         WHERE G.価格 > 100;

float 標準偏差;                                       /* Cの変数宣言 */
int   i=0;                                           /* Cの変数宣言 */

. . . . . . . . . . . . . . . . . . . . . . . . .
EXEC SQL OPEN W;                                             /* カーソルをオープン */
do {                                                         /* 標準偏差の計算 */
     EXEC SQL FETCH W INTO  :価格;
     標準偏差 = 標準偏差 + (:価格 - :平均) * (:価格 - :平均);
     i++;
} while (カーソルWが最終行に位置していない);
標準偏差 = sqrt(標準偏差/i);
printf("標準偏差 = %f¥n", 標準偏差);
close(W);                                                    /* カーソルを閉じる */
```

第3章

データベースの設計

必要性／ERモデル／正規形／ERモデルから関係モデルへの変換／
ボトムアップ設計／トップダウン設計／
データベースの論理設計／関係モデルの変換／
リレーションの設計／属性の設計／インデックスの設計／
データベースの物理設計／ディスク容量の見積もり

ここでは，データベース，とくに，関係データベースの設計方法について述べます．まず，データベース設計の必要性について述べ，次に，データベース設計の概要を示します．そして，データベース設計で使用するデータモデルや理論について述べます．その後，データベース設計の各フェーズについて述べます．

3.1 データベース設計の必要性

最適でないリレーションスキーマでは，更新不整合（update anomaly）と呼ばれる不整合が生じます．更新不整合には，①修正不整合（modification anomaly），②挿入不整合（insertion anomaly），ならびに，③削除不整合（deletion anomaly），の3種類があります．

ここでは，**図3.1**のリレーションを例にしてこれらの不整合について説明します．**図3.1**は，学生とその受講科目を管理するリレーションの例です．属性として，「学籍番号」，「学生名」，「学年」，「受講科目名」，ならびに，「担当教員名」を持ちます．主キーは「学籍番号」と「受講科目名」の組です．

図3.1　学生リレーション（不整合を生じる例）

学生

学籍番号	学生名	学年	受講科目名	担当教員名
2001001	青山　一郎	1	データベース入門	宮本　武蔵
2001001	青山　一郎	1	ソフトウェア工学	佐々木　小次郎
2000023	鈴木　花子	2	データベース入門	宮本　武蔵
2000023	鈴木　花子	2	コンパイラ	武蔵坊　弁慶
1999065	山田　太郎	3	メディア工学	源　義経

(1) 修正不整合 (modification anomaly)

タプルの修正時に生じる不整合です．同じ情報を表すフィールドが多数ある場合，その情報を修正するにはそれらのすべてのフィールドを修正しなければなりません．もし一つでも修正を見逃すと，存在しないはずの情報が残ってしまいます．例えば，**図3.1**のリレーションにおいて，「データベース入門」の担当が「平　将門」に変わる場合，該当するすべての担当（「宮本　武蔵」）を「平　将門」に修正しなければなりません．

(2) 挿入不整合 (insertion anomaly)

タプルの挿入ができないという不整合です．例えば，「情報工学」という授業を新設する場合，受講する学生がいない場合はその科目に相当するタプルを挿入することはできません．なぜならば，主キーの一部である学籍番号に値を格納できないからです．つまり，例えば，(NULL, NULL, NULL, “情報工学”，“佐々木　小次郎”）というタプルを挿入することができないのです．

(3) 削除不整合 (deletion anomaly)

タプルの削除に伴い，削除したい情報ではない情報が削除されてしまうという不整合です．例えば，学籍番号が「1999065」の学生が退学した場合，この学生だけが「メディア工学」という授業を受講していたならば，「メディア工学」の担当教員は「源　義経」であるという「メディア工学」の科目に関する情報も同時に削除されてしまうのです．

図3.1に示したリレーションの場合，学生に関する情報，履習に関する情報と科目に関する情報が一つのリレーション中に存在しているのが不整合の原因です．したがって，不整合を回避するためには，**図3.1**のリレーションは**図3.2**に示すような三つのリレーション（「学生」，「受講」と「科目」）に分解すべきです．このリレーションでは，上記の3種類の不整合は生じません．

このような分解を適確に行うためにデータベース設計は不可欠です．

図3.2 学生リレーション，受講リレーションと科目リレーション

学生

学籍番号	学生名	学年
2001001	青山　一郎	1
2000023	鈴木　花子	2
1999065	山田　太郎	3

受講

学籍番号	受講科目名
2001001	データベース入門
2001001	ソフトウエア工学
2000023	データベース入門
2000023	コンパイラ
1999065	メディア工学

科目

科目名	担当教員名
データベース入門	宮本 武蔵
ソフトウエア工学	佐々木 小次郎
コンパイラ	武蔵坊 弁慶
メディア工学	源 義経

以上述べた点は関係データベースの論理的な面についての問題ですが，このほかにも，データを格納する際の表現形式の違いの問題や，異なる属性名であるが同じ情報を格納している場合や，同じ属性名で異なる情報を格納している場合など，システム全体として整合性のとれたデータベースとする必要があります．

また，データベース設計は，それ単独で行われることはあまりなく，通常，情報システム設計の一部として行われます．データベース設計により，情報システムで扱う情報が正確かつ詳細に洗い出されます．したがって，概念的な面でもデータベース設計は重要です．

さらに，データベースの物理的な面から，データベース処理からみたリレーションの構造の妥当性の検討，検索の高速化を図るためのインデックスの付与，データ量の見積もり，ログ情報の取得頻度等の検討が必要です．実際にデータベースを運用するためにはさまざまな点からの検討が必要なのです．

データベースは一度構築し運用を始めると，後から構造等を変更するのは非常に困難です．また，システムが不安定になる可能性が高くなります．さらに，データベースは二次記憶装置に格納されて長年にわたり存在し続けるので，他のアプリケーションのように，バージョンアップで今までのものを廃棄して新しいものにするということが困難です．データベースは，計算機ハードウエアよりも長く存在し続けることが多いので，初期設計を誤ると取り返しのつかないことになる可能性が高いのです．また，データの更新に伴って，データベースの内部構造自体も変化してゆきます．これは，どのような更新がどのような順序で生起するかに依存するため予測は困難です．このようなデータベースを長年にわたり安定させて運用するには，最初に十分な設計を行っておく必要があります．

3.2 データベース設計の概要

データベース設計は，通常，概念設計，論理設計，ならびに，物理設計の3段階から構成されます．データベース設計の手順を**図3.3**に示します．

データベースの概念設計では，概念スキーマを決定します．概念スキーマは，対象とする業務におけるデータとデータ間の関連を記述したものであり，使用するデータベースやデータベース管理システムに関係なく，対象とする業務におけるデータが本来どうあるべきかを記述したものです．概念スキーマの記述には，実体・関連モデル（ERモデル）に代表されるデータモデルが使用されます．

データベースの論理設計では，概念スキーマをもとにして論理スキーマを決定します．論理スキーマは，概念スキーマで表現されたデータとデータ間の関連を，実際に利用するデータベースの世界の表現として記述したものです．論理スキーマは使用するデータベースによって異なります．例えば，関係データベースとするのか，オブジェクト・リレーショナルデータベースとするのかで，設計結果の論理スキーマは全く

図3.3　データベース設計の手順

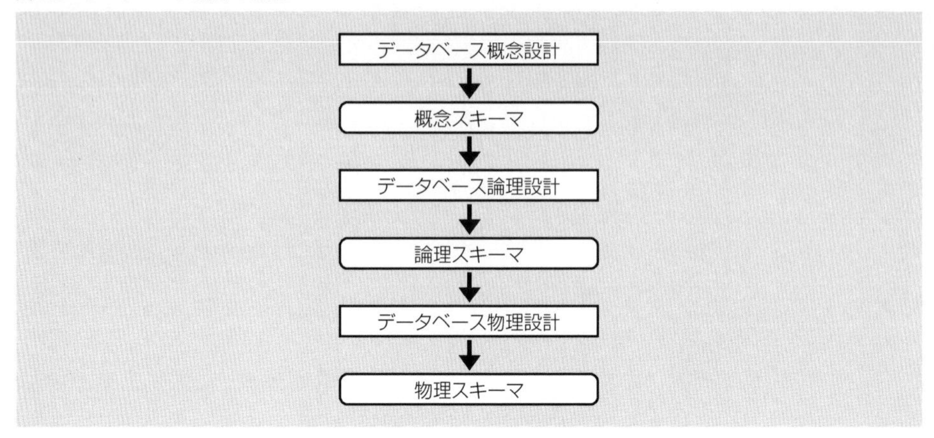

異なったものとなることもあります．

データベースの物理設計では，論理スキーマをもとにして物理スキーマを決定します．ここでは，実際に使用するデータベース管理システムによって異なるデータの格納方法や管理方法を決定します．これは，同じ型のデータベース（すなわち，同じデータモデル）であっても，データベース管理システムによってサポートされている機能に違いがあることがあるからです．

3.3　データベース設計の基礎

ここでは，データベース設計で使用する実体関連モデル（ERモデル），正規化の理論，ならびに，ERモデルから関係モデルへの変換について述べます．

3.3.1　実体関連モデル（ERモデル）

データベースの概念設計でよく使用されるのは，P. P. Chenによって提案された実体関連（Entity-Relationship：ER）モデルです．ERモデルでは，実体と関連という二つの概念を用いてデータベースで表現すべき実世界をモデル化します．

(1) 実体

実体（entity）とは，モデル化しようとする対象において独立した存在として認識できるものです．学生の科目履修を例にとると，学生，科目や教員は実体ととらえることができます．実体が持ついろいろな性質は属性（attribute）として記述されます．例えば，学生の「学籍番号」や「氏名」は「学生」という実体を表すものであり，「学生」の属性としてとらえられます．属性は，その性質によって様々な値をとります．例えば，成績は0以上100以下といったぐあいです．属性の取り得る値全体の集合を定義域（domain）と呼びます．

また，同一種類の実体の集まりを実体集合（entity set）と呼びます．例えば，名前

図3.4　実体関連図（ER図）の例

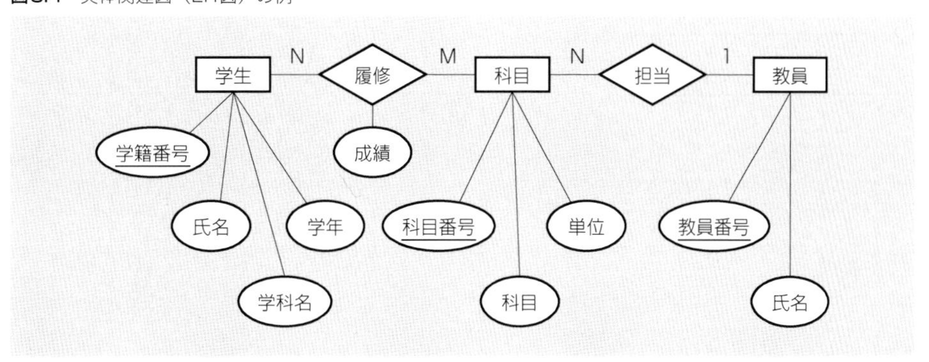

が“青山一郎”である実体や，名前が“鈴木花子”である実体などを集めたものを「学生」という実体集合ととらえるのです．

実体集合と次に述べる関連集合で表現した対象を図的に表現したものを実体関連図（entity relationship diagram：ER図）といいます．ER図では，実体集合を矩形，関連集合をひし形，属性は楕円で表します．また，これらの間の結びつき（対応）は線分で記述します．ER図の例を**図3.4**に示します．**図3.4**では，「学生」，「科目」，ならびに，「教員」という実体集合があります．また，「学生」には，「学籍番号」，「氏名」，「学科名」，「学年」という属性があります．実体集合の中の一つの実体を識別する属性または属性の組み合わせをキーといい，キーを構成する属性の名前に下線を引いて示します．例えば，「学生」のキーは「学籍番号」です．

(2) 関連

関連（relationship）とは，実体同士の相互関係をモデル化したものです．例えば，名前が“青山一郎”である実体と，科目名が“データベース入門”である実体との間に，「履修」という関連を見出すことができます．関連も，その性質を表す属性を持つことができます．また，同種の関連の集まりを関連集合（relationship set）と呼びます．実体集合E_1，…，E_nが与えられたとき，関連集合Rは$R \subseteq E_1 \times \cdots \times E_n$で表されます．nを関連集合の次数（degree）と呼びます．

図3.4のER図では，「学生」と「科目」の間には「履修」という関連集合があり，「科目」と「教員」の間には「担当」という関連集合があります．「履修」にも「成績」という属性があります．

図3.4のER図において，関連集合「履修」を表すひし形の両脇のNとMは，「履修」に関して「学生」と「科目」はN対Mの対応関係があることを表しています．また，関連集合「担当」に関しては，「科目」と「教員」はN対1の対応関係があることを表しています．1対Nの対応関係は一種の制約と考えられ，これをカーディナリティ制約（cardinality constraint）と呼びます．

また，関連に関与する実体集合がその関連において果たす役割をロール（role）と

図3.5 ロール

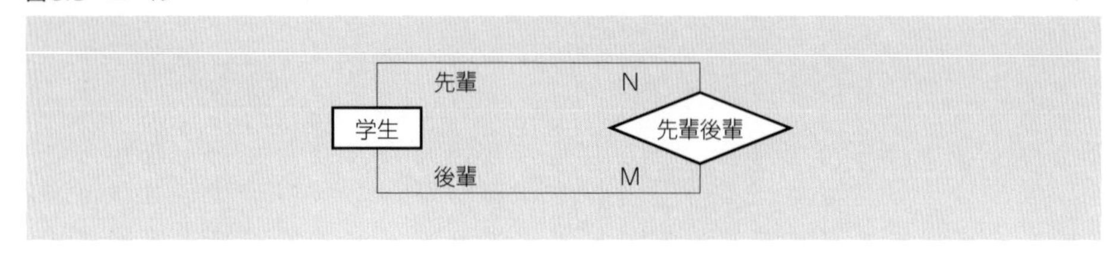

してER図中に記述することができます．**図3.5**にロールの記述例を示します．学生の先輩後輩の関連で，どの学生がどの学生の先輩として関与するか後輩として関与するかを示しています．

(3) 汎化階層

よく似たデータ項目が集まっているデータグループが複数ある場合，それらをまとめて扱うとよい場合があります．これらを，汎化・特化という考え方にしたがってまとめて扱います．

ある事物を細分化したと考えられる事物は，もとの事物を特化（特殊化）したものであるといいます．例えば，「コンピュータ」を細分化して「パソコン」，「ワークステーション」，「スーパコンピュータ」とすることができますが，この場合，「パソコン」，「ワークステーション」，「スーパコンピュータ」は「コンピュータ」を特化したものです．

逆に，複数の事物を抽象度の高い事物にまとめあげることができます．抽象度の高い事物はもとの事物を汎化（一般化）したものです．「コンピュータ」の例では，「コンピュータ」は「パソコン」，「ワークステーション」，「スーパコンピュータ」を汎化したものです．

事物が汎化と特化の関係にある場合，特化である全ての事物は，汎化である事物の特性を持ちます．例えば，「パソコン」は「コンピュータ」の特性（すなわち，「パソコン」，「ワークステーション」，「スーパコンピュータ」に共通する特性）を，当然で

図3.6 汎化階層

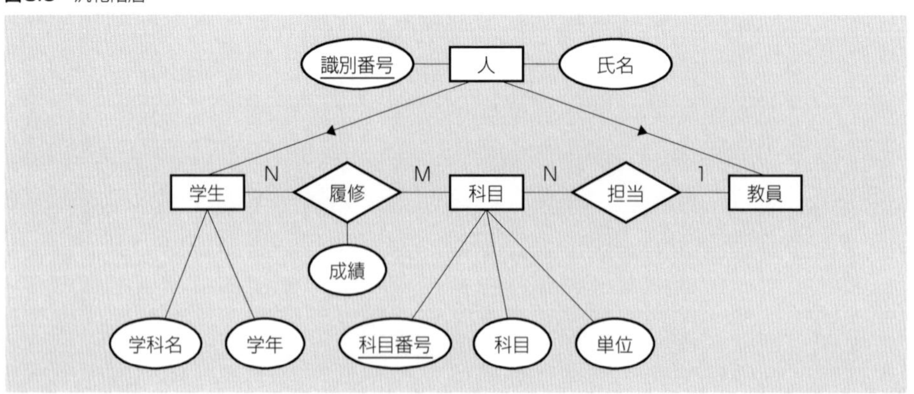

図3.7 弱実体

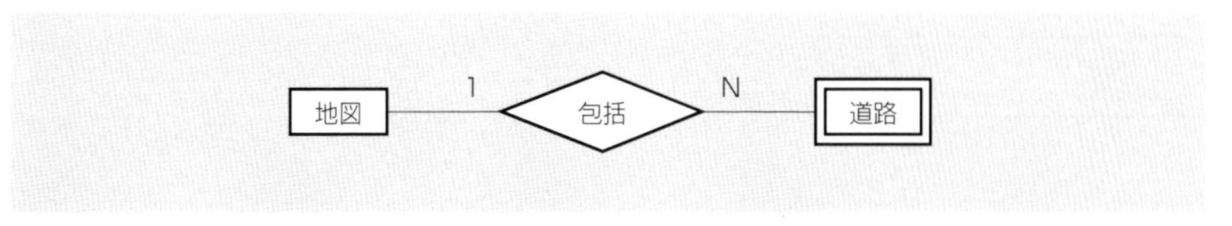

はあるが全て持ちます．この場合，「パソコン」，「ワークステーション」，「スーパコンピュータ」は「コンピュータ」の特性を継承するといいます．また，「パソコン」は「コンピュータ」の特性以外の「パソコン」独自の特性を持ちます．

図3.4の例では，「学生」と「教員」は，ともに，「番号」と「氏名」を持つので，「学生」と「教員」を汎化した「人」という実体を設定することができます．「人」という実体集合を導入したER図を**図3.6**に示します．

(4) 弱実体

これまで，実体はそれ自身が独立して存在するものと考えてきましたが，そうでない実体も存在します．すなわち，ある実体（実体A）が存在する場合のみ存在する実体（実体B）もあり得ます．実体Aの消去とともに実体Bも消去されます．このような実体Bを弱実体（weak entity）と呼び，弱実体集合をER図では二重枠の矩形で表します．弱実体は，それ自身で一意性を持ち得ないため，主キーを持つことがありません．

図3.7に弱実体の例を示します．この例は，地図と地図上の道路の間の関連を表すものです．地図がなくなれば地図上の道路はなくなってしまいます．弱実体集合「道路」には，例えば，地図上の道路の番号を表す「道路番号」といった属性があり得ます．これを部分キーと呼びます．部分キーである「道路番号」は，ある地図の中での一意性を表すものであって，すべての道路の実体の中での一意性を表す属性にはなり得ません．

3.3.2 正規形

(1) 第一正規形

関係データベースでは，実世界をテーブル（リレーション）の形で表現します．このリレーションにはいくつかの決まりがあります．その中で最も重要なものが，リレーションを構成するフィールドの値は原子値でなければならないということです．原子値とは，一つの値ということです．したがって，いくつかの要素から構成される集合やテーブル自体がフィールドとなることはできません．リレーションを構成するすべてのフィールドの値が原子値であるリレーションは第一正規形のリレーションと呼ばれます．第一正規形でないリレーションは非正規形のリレーションと呼ばれます．

図3.8から**図3.10**は，非正規形のリレーションの例です．**図3.8**のリレーションは，属性「受講科目名」の値が原子値でないタプルが存在するので第一正規形のリレーシ

図3.8　非正規リレーションの例（1）

学生

<table>
<tr><th>学籍番号</th><th>学生名</th><th>学年</th><th>受講科目</th></tr>
<tr><td rowspan="2">2001001</td><td rowspan="2">青山　一郎</td><td rowspan="2">1</td><td>データベース入門</td></tr>
<tr><td>ソフトウエア工学</td></tr>
<tr><td rowspan="2">2000023</td><td rowspan="2">鈴木　花子</td><td rowspan="2">2</td><td>データベース入門</td></tr>
<tr><td>コンパイラ</td></tr>
<tr><td>1999065</td><td>山田　太郎</td><td>3</td><td>メディア工学</td></tr>
</table>

図3.9　非正規リレーションの例（2）

学生

<table>
<tr><th>学籍番号</th><th>学生名</th><th>学年</th><th colspan="3">受講科目</th></tr>
<tr><td rowspan="2">2001001</td><td rowspan="2">青山　一郎</td><td rowspan="2">1</td><td>科目名</td><td>種別</td><td>単位数</td></tr>
<tr><td>データベース入門</td><td>選択</td><td>2</td></tr>
<tr><td rowspan="2">2000023</td><td rowspan="2">鈴木　花子</td><td rowspan="2">2</td><td>科目名</td><td>種別</td><td>単位数</td></tr>
<tr><td>データベース入門</td><td>選択</td><td>2</td></tr>
<tr><td rowspan="2">1999065</td><td rowspan="2">山田　太郎</td><td rowspan="2">3</td><td>科目名</td><td>種別</td><td>単位数</td></tr>
<tr><td>メディア工学</td><td>選択</td><td>2</td></tr>
</table>

図3.10　非正規リレーションの例（3）

学生

<table>
<tr><th>学籍番号</th><th>学生名</th><th>学年</th><th colspan="3">受講科目</th></tr>
<tr><td rowspan="3">2001001</td><td rowspan="3">青山　一郎</td><td rowspan="3">1</td><td>科目名</td><td>種別</td><td>単位数</td></tr>
<tr><td>データベース入門</td><td>選択</td><td>2</td></tr>
<tr><td>ソフトウエア工学</td><td>選択</td><td>2</td></tr>
<tr><td rowspan="3">2000023</td><td rowspan="3">鈴木　花子</td><td rowspan="3">2</td><td>科目名</td><td>種別</td><td>単位数</td></tr>
<tr><td>データベース入門</td><td>選択</td><td>2</td></tr>
<tr><td>ソフトウエア工学</td><td>選択</td><td>2</td></tr>
<tr><td rowspan="2">1999065</td><td rowspan="2">山田　太郎</td><td rowspan="2">3</td><td>科目名</td><td>種別</td><td>単位数</td></tr>
<tr><td>メディア工学</td><td>選択</td><td>2</td></tr>
</table>

ョンではありません．**図3.9**のリレーションは，属性「受講科目」の値が構造を持っており原子値ではないので第一正規形のリレーションではありません．**図3.10**のリレーションはこれらの組み合わせであり，属性「受講科目」の値がリレーションとなっているので，第一正規形のリレーションではありません．

(2) 第二正規形，第三正規形

(i) キー

キーとは，一つのデータを特定できる1以上のデータ項目です．例えば，**図3.2**の「学生リレーション」の「学籍番号」はキーです．この場合は，データ項目は一つですが，キーは複数のデータ項目から構成されていてもかまいません．また，キーとなる適当なデータ項目がない場合は，キーとなるデータ項目を追加します．

キーには，超キー（スーパーキー），候補キー，主キー，ならびに，外部キーがあります．ここでは，超キー（スーパーキー），候補キー，ならびに，主キーについて述べます．

超キー（スーパーキー）とは，一つのデータ（タプル）を一意に識別できる1以上のデータ項目です．**図3.2**の「学生リレーション」の「学籍番号」は超キーです．また，「学籍番号」と「学生名」の組み合わせも，「学籍番号」，「学生名」と「学年」の組み合わせも超キーです．「学籍番号」が超キーであるから，他のデータ項目を追加したものも超キーになります．

候補キーとは，超キーの中で，超キーであり得るのに必要不可欠なデータ項目のみの組み合わせとなっているものです．したがって，候補キーを構成するデータ項目のどの一つを除外しても，残りのデータ項目の組み合わせは超キーになりません．**図3.2**の「学生リレーション」の超キーである「学籍番号」は，このデータ項目を除外すると超キーにならないので候補キーです．一方，「学籍番号」と「学生名」の組み合わせは，「学生名」を除外しても超キーであるので，この組み合わせは候補キーではありません．

主キーとは，候補キーの一つで，管理上都合のよいものです．例えば，学生を管理する場合，「入学年度」，「学部名」，「学科名」，ならびに，「出席番号」というデータ項目を用いて学生を識別することも可能ですが，「学籍番号」というデータ項目があれば，データ項目数の少ない「学籍番号」を主キーとするのが一般的です．

（ii）関数従属性

あるデータ項目の値が決まると他のデータ項目の値が決まる場合，これらのデータ項目には従属関係があるといいます．例えば，学籍番号が決まると学生名が決まるので，学籍番号と学生名には従属関係があります．このように，キーと他のデータ項目間には従属関係があります．ただし，算術演算で導出できる場合は従属関係とみなしません．

Aが決まるとBが決まる場合（BがAに従属する場合），**図3.11**のように記述することがあります．

（iii）第二正規形

図3.11　従属関係

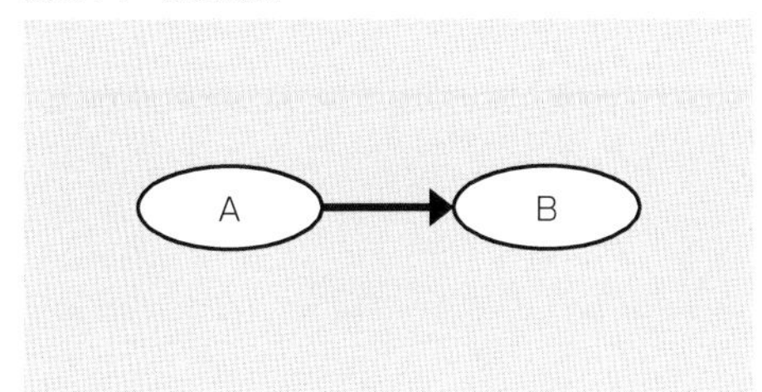

図3.12　部分従属の例

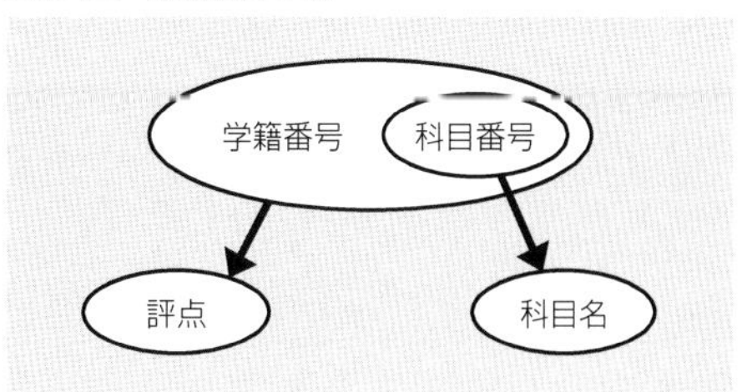

図3.13　推移従属の例

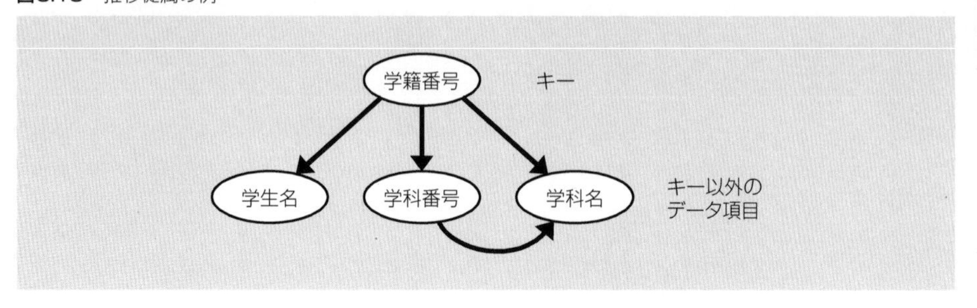

候補キーに他のデータ項目（非キーデータ項目）は関数従属しています．ここで，候補キーを構成するすべてのデータ項目に非キーデータ項目が従属している場合，そのデータ項目は完全従属（fully dependent）であるといいます．一方，候補キーを構成するデータ項目の一部のデータ項目に非キー項目が従属している場合，そのデータ項目は部分従属（partially dependent）であるといいます．

図3.12に部分従属の例を示します．ここでは，候補キーは，「学籍番号」と「科目番号」からなる複合キーです．「科目名」は「科目番号」に従属しており，**図3.12**に示すような従属関係になります．

このような部分従属がなく，すべての非キーデータ項目が候補キーに完全従属する場合，そのリレーションは第二正規形であるといいます．

（iv）第三正規形

非キーデータ項目AとB間にA→Bの関数従属性があるとしましょう．データ項目Aは非キーデータ項目なので，データ項目Aは候補キーPKに関数従属します．したがって，PK→A→Bという関数従属性が存在します．このように，推移的な従属関係がある場合，推移従属性があるといいます．

図3.13に推移従属の例を示します．候補キーは「学籍番号」です．「学生名」，「学科番号」，ならびに，「学科名」は「学籍番号」が決まれば決まります．また，「学科名」は「学科番号」が決まれば決まります．したがって，**図3.13**に示す従属関係が存在し，推移従属となっています．

候補キー以外の非キーデータ項目は，候補キーに完全従属し，かつ，どの候補キーにも推移従属しないリレーションを第三正規形のリレーションであるといいます．

正規形には，このほかに，ボイス・コッド正規形（BCNF），第四正規形，第五正規形がありますが，通常，第三正規形までで留めることが多いので，本書では述べません．これらの正規形については，参考文献[19]，[28]（p.186）を参照してください．

3.3.3　ERモデルから関係モデルへの変換

概念スキーマを表現するモデルとして使用されるのはERモデルであることが多い

ですが，ERモデルを直接サポートしているデータベース管理システムはありません．したがって，ERモデルの下で表現されたスキーマを，使用するデータベース管理システムがサポートするデータモデルに変換する必要があります．ここでは，現在最も良く使用されている関係モデルへの変換方法を示します．

(1) 実体集合の変換

・通常の実体集合

通常の実体集合Eのすべての属性を属性とするリレーションRを定義します．Rの主キーはEの主キーとします．

・弱実体

弱実体集合Eのすべての属性に加えて，Eの識別上のオーナである実体集合Aの主キーの属性からなるリレーションを定義します．Eの主キーは，Aの主キーとEの部分キーの組み合わせとします．

・汎化階層の扱い

実体集合Eの上位の実体集合Sが存在する場合には，Sに対応するリレーションの主キーをEに対応するリレーションの属性に加え，これをRの主キーとします．

(2) 関連集合の変換

・次数2の関連集合

カーディナリティによって場合分けされます．

(a) 1対1の場合

関連に関与するリレーションの一方にもう一方のリレーションの主キーと関連集合の属性を加えます．

(b) 1対Nの場合

1側の主キーと関連集合の属性を，N側のリレーションに加えます．

(c) N対Mの場合

関連に関与する二つのリレーションの主キー，ならびに，関連集合の属性からなる新たなリレーションを作成します．関連に関与する二つのリレーションの主キーの組み合わせを含む属性の組み合わせを新たなリレーションの主キーにします．

・次数3以上の関連集合

上記の（c）に示したように，新たなリレーションを作成します．

3.4 データベースの概念設計

3.4.1 目的と手順

データベース概念設計の目的は，業務に必要なデータの構造を決定することです．

これは，使用するデータベースの種類やDBMSによらず，業務にとって理想的なデータの構造を決定することです．また，現在要求されている業務のみではなく，将来の業務も念頭においた設計を行う必要があります．

データベース概念設計では，多くのプログラム開発と同様に，業務の分析から作業が始まります．実際，データベース設計は，これ単独で行われることは少なく，何らかのプログラム開発と同時に行われることがほとんどです．この意味では，プログラム開発の一部として，プログラム開発と整合性の良い手法が求められます．

データベース概念設計では，現在の業務の分析に加えて，将来の業務予測も含めて分析を行わなければなりません．このために，トップダウンな設計とボトムアップな設計が併用されます．トップダウンな設計とは，高所から見て業務はこうあるべきであるという立場から設計を行うことです．ここでは，現在の業務を分析する以外に，将来の業務を考慮した設計を行うことが可能です．一方，ボトムアップな設計とは，現在使用している帳票等に基づいて，データの構造はどうあるべきかを設計することです．ここでは，実際に現場で使用している帳票をもとにするため，現場でしか分からない（しかも，重要な）情報を把握することができます．また，トップダウンな設計では見落としがちな情報を網羅的に拾い上げることが可能です．

概念設計では，トップダウンな設計とボトムアップな設計を行い，双方の設計結果が合致するように双方の設計を見直すことになります．

3.4.2　トップダウンな設計

「対象業務の記述」に基づいて設計を行います．ここでは，実体の抽出，実体間の関連の明確化を行い，実体関連図を作成します．ここでは，ERモデルにもとづくモデリングが採用されているオブジェクト指向プログラム設計法OMT（Object Modeling Technique）に基づいた方法について述べます．

(1) 対象業務の明確化

業務の内容を記述します．これは，対象業務がどのような問題であるかを正確に把握する必要があるからです．ここでは，現在の業務内容を詳細に記述するほか，将来

図3.14　対象業務の記述

- 学生は学籍番号で一意に識別される．学生には，氏名，学科名，学年という情報がある．
- 学生は一つ以上の科目を履修できる．履修した科目には成績が付く．
- 科目は科目番号で一意に識別される．
- 一つの科目は一人の教員が担当する．一人の教員は一つ以上の科目を担当する．
- 教員には，教員番号と氏名という情報がある．

図3.15　「対象業務の記述」からの実体候補の選出

- 学生は学籍番号で一意に識別される．学生には，氏名，学科名，学年という情報がある．
- 学生は一つ以上の科目を履修できる．履修した科目には成績が付く．
- 科目は科目番号で一意に識別される．
- 一つの科目は一人の教員が担当する．一人の教員は一つ以上の科目を担当する．
- 教員には，教員番号と氏名という情報がある．

の業務を予測した記述を行う必要があります．この記述は，トップダウンな設計で使用します．したがって，業務を高所から見ることができ，将来の業務の進むべき（もしくは，進むであろう）方向を示すことができる人が目を通しておくことが望まれます．

記述は，プログラム開発と同様に，自然言語文で記述します．ただし，記述は大量になることが多いので，箇条書き等にして分かりやすくします．また，この記述は，プログラム開発で使用するものと同じでかまいません．

図3.14に対象業務の記述の例を示します．これは例を示すためのものであり，非常に簡単な記述しか行っていません．実際の記述は非常に膨大なものとなります．

(2) 実体の抽出

(ⅰ) 実体候補の選出

実体は，「対象業務の記述」の中の名詞に注目して選出します．**図3.14**に示した「対象業務の記述」中の初出の名詞を**図3.15**に網掛けで示しました．

(ⅱ) 実体の決定

（ⅰ）で選出した実体候補から実体を選出します．ここで，実体としないものは以下のものです．

- ・あいまいなもの
- ・冗長なもの
- ・不適切なもの
- ・属性であるもの

図3.15の例では，以下に示す理由で以下の名詞が実体候補から除外されます．

- ・属性である　　：学籍番号，氏名，学科名，学年，成績，科目番号，教員番号
- ・あいまいである；情報

この結果，実体候補としては，「学生」，「科目」，「教員」が残ります．

図3.16　「対象業務の記述」からの関連候補の選出

・学生は学籍番号で一意に識別される．学生には，氏名，学科名，学年という情報がある．
・学生は一つ以上の科目を履修できる．履修した科目には成績が付く．
・科目は科目番号で一意に識別される．
・一つの科目は一人の教員が担当する．一人の教員は一つ以上の科目を担当する．
・教員には，教員番号と氏名という情報がある．

(3) 実体間の関連の整理

(ⅰ) 関連候補の選出

関連は，「対象業務の記述」の中の動詞に注目して選出します．**図3.14**に示した「対象業務の記述」中の動詞を**図3.16**に網掛けで示しました．

(ⅱ) 関連の決定

(ⅰ) で選出した関連候補から関連を選出します．ここで，関連としないものは以下のものです．

・あいまいなもの
・冗長なもの
・一般的なもの
・動作を表すもの

図3.16の例では，以下に示す理由で以下の動詞が関連候補から除外されます．

・一般的である：ある，付く
・動作を表す　：識別する

この結果，関連候補としては，「履修する」，「担当する」が残ります．

(4) 属性の明確化

(1) で実体とならなかった名詞の中で属性としたものを属性とします．また，常識的に当然あると考えられる属性も付与します．さらに，一意識別に必要な番号も属性として付加する場合もあります．ここでは，以下のように実体と関連についての属性が求められます．

・学生：学籍番号，氏名，学科名，学年
・科目：科目番号，科目名
・教員：教員番号，氏名
・履修：成績

関連の属性か否かは判断が難しいですが，関連に関与する実体の属性とすると不都合が生じる場合は分かりやすいです．

(5) 実体関連図の作成

(1) ～ (3) までで求まった実体，関連，ならびに，属性をもとにER図を作成します．3.3.1節 で説明したように，関連のカーディナリティやロールも記述します．**図3.14**に示した「対象業務の記述」をもとに求まるER図は，**図3.4**に示したER図となります．

(6) 実体関連図の洗練

実体の中で共通の属性を持つものは，汎化・特化の関係を使用して汎化実体を設け，汎化階層を設定するとよい場合があります (3.3.1節 (3) 参照)．ただし，むやみやたらと汎化階層を設定すると管理が煩雑になることもあるので注意する必要があります．**図3.14**に示した「対象業務の記述」をもとに求まったER図 (**図3.4**) に汎化階層を導入すると**図3.6**となります．この場合，学生と教員を区別せず扱う業務があるのであれば汎化階層を導入します．しかし，そうでなければ，汎化階層を導入する必要はなく，識別番号を重複して付けないようにする必要があったり，データモデルによっては，学生と教員の識別のためのデータ項目が必要となるなど，煩雑になるだけのこともあります．

3.4.3 ボトムアップな設計

(1) 帳票の整理

(i) 帳票の収集

まず，現在の業務で使用している帳票を全て収集します．また，将来の業務等には帳票がないので，不足している帳票があれば作成します．不必要と思われるものもすべて収集することが必要です．

図3.17に帳票の例を示します．これは，授業の受講登録を管理する帳票の例です．

図3.17 帳票の例

年度　　期　受講登録

学籍番号			入学年度	
学科	番号		氏名	
科目番号	科目名	曜日	限目	備考

（ⅱ）データ項目の抽出

収集した帳票からデータ項目を抽出します．データ項目とは，入力や処理の対象となる最小単位のことです．**図3.17**の例では，「年度」，「期」，「学籍番号」，「入学年度」，「学科名」，「番号」，「氏名」，「科目番号」，「科目名」，「曜日」，「限目」，ならびに，「備考」がデータ項目です．

また，記入要領も明確化しておきます．例えば，「年月日」の場合，“２００１年９月１０日”のように全角で記入するといったようにです．

（ⅲ）データ項目の名前の統一

同じデータ項目が異なる帳票に様々な名前で現れることがよくあります．これは混乱を生じさせる原因となるので，同じデータ項目は同じ名前，異なるデータ項目は異なる名前にしておくようにします．例えば，「氏名」と「学生氏名」が同じデータ項目を表すのであれば同じ名前にします．

また，データ項目名は分かりやすいものにします．このために，意味が明確となる修飾語を付加したり，値の種別を表す単位を付加したり，実体を表す語を付加したりします．例えば，**図3.17**の例では，以下のようにするとよいでしょう．

・「年度」ではなくて「受講登録年度」とする．
・「番号」ではなくて「学科内番号」とする．
・「氏名」ではなくて「学生氏名」や「学生名」とする．
・「曜日」や「時限」ではなくて「開講曜日」や「開講時限」とする．

また，たんに「学科」ではなく，名前の場合は「学科名」，学科を表す記号の場合は「学科番号」とします．

(2) データグループの作成（第一正規形へ）

通常，帳票は第一正規形にはなっていません．まず，帳票を第一正規形にしなければなりません．第一正規形にするにはいくつかの方法がありますが，帳票の構成をもとにして最も効率よく第一正規形にする方法について述べます．

（ⅰ）データ項目の分類

ここでは，組とレベルという概念を用いてデータ項目を分類します．

組とは，帳票内で意味的なまとまりを持つデータ項目の集まりです．組を構成するデータ項目はまとまって帳票中に出現します．**図3.17**の例では，受講科目を具体的に記入する行（「科目番号」，「科目名」，「開講曜日」，「開講時限」，ならびに，「備考」から構成される行）は組です．

レベルとは，帳票内の，組の繰り返しの深さを表す基準です．レベル1の組は，一つの値だけを持つデータ項目からなる組です．レベル2の組は，レベル1の組の値（タプル）ごとに繰り返す組です．レベル3の組は，レベル2の組の値（タプル）ごと

図3.18　非正規リレーションとしての帳票の模式図

<table>
<tr><th>A</th><th>B</th><th>C</th><th>D</th><th>E</th><th>F</th><th>G</th><th>H</th></tr>
<tr><td rowspan="7">a1</td><td rowspan="7">b1</td><td rowspan="2">c1</td><td rowspan="2">d1</td><td>e1</td><td>f1</td><td rowspan="2">g1</td><td rowspan="2">h1</td></tr>
<tr><td>e2</td><td>f2</td></tr>
<tr><td rowspan="3">c2</td><td rowspan="3">d2</td><td>e3</td><td>f3</td><td rowspan="2">g2</td><td rowspan="2">h2</td></tr>
<tr><td>e4</td><td>f4</td></tr>
<tr><td>e5</td><td>f5</td><td>g3</td><td>h3</td></tr>
<tr><td rowspan="2">c3</td><td rowspan="2">d3</td><td>e6</td><td>f6</td><td rowspan="2">g4</td><td rowspan="2">h4</td></tr>
<tr><td>e7</td><td>f7</td></tr>
</table>

に繰り返す組です．

まず，帳票内で値が一つのデータ項目をまとめて組とします．この組はレベル1の組となります．次に，レベル2の組を求めます．これを順次繰り返します．

図3.18に，帳票を非正規形のリレーションとして示した模式図を示します．データ項目「A」と「B」には値が1個しか入りません．「C」と「D」では3個，「E」と「F」では7個，「G」と「H」では4個の値が入ります．これらは，それぞれがまとまりを作っていると考えられるので，それぞれ（すなわち，「A」と「B」，「C」と「D」，「E」と「F」，「G」と「H」）が組です．ここで，たとえ「G」と「H」の値の組の数が「C」と「D」の値の組の数と等しくても，意味的なまとまりがなければ，当然ですが，異なる組です．

また，「A」と「B」の値の組（ここでは，(a1, b1)）は1個しかないので「A」と「B」の組のレベルは1です．「C」と「D」の値の組は，「A」と「B」の値の組（ここでは，(a1, b1)）に対して複数あるので，「C」と「D」の組のレベルは2です．同様に，「E」と「F」の値の組は，「C」と「D」の値の組（例えば，(c1, d1)）に対して複数あるので，「E」と「F」の組のレベルは3です．一方，「G」と「H」の値の組は，「A」と「B」の値の組に対して複数あるので，「G」と「H」の組のレベルは2です．

図3.17の例では，「受講登録年度」，「受講登録期」，「学籍番号」，「入学年度」，「学科名」，「学科内番号」，ならびに，「学生氏名」はレベル1の組のデータ項目です．一方，科目番号等五つのデータ項目から構成される組はレベル2の組です．

組で分類することで，帳票内のデータ項目をまとめることができます．また，組のレベルを明確化することにより，組の繰り返しの深さを明確化することができます．

(ⅱ) レベル1のデータグループの作成

帳票ごとに，レベル1の全てのデータ項目を一つのデータグループとし，名前を付けておきます．これが，レベル1データグループとなります．

図3.17の例では，「受講登録年度」，「受講登録期」，「学籍番号」，「入学年度」，「学科名」，「学科内番号」，ならびに，「学生氏名」がレベル1のデータグループとなりま

す．このデータグループの名前を，“受講学生”としておきましょう．キーは，「受講登録年度」，「受講登録期」，「学籍番号」の組み合わせです．

（iii）レベルnのデータグループの作成

帳票ごとに，レベルnの組に含まれる1以上のデータ項目にレベルn－1のデータグループのキーの1以上のデータ項目を加えてレベルnのデータグループとします．そして，このデータグループのキーを求めます．

図3.17の例では，レベル2の組は，「科目番号」，「科目名」，「開講曜日」，「開講時限」，ならびに，「備考」という五つのデータ項目から構成されていました．これに，レベル1のデータグループのキーである「受講登録年度」，「受講登録期」，ならびに，「学籍番号」というデータ項目を加えてレベル2のデータグループとします．キーは，「受講登録年度」，「受講登録期」，「学籍番号」，ならびに「科目番号」です．ここでは，このデータグループの名前を，“受講科目”としましょう．

以上の作業により得られたデータグループをまとめておきましょう．

受講学生（受講登録年度，受講登録期，学籍番号，入学年度，学科名，学科内番号，学生氏名）
受講科目（受講登録年度，受講登録期，学籍番号，科目番号，科目名，開講曜日，開講時限，備考）

ここで，下線はキーであるデータ項目を示しています．

以上の作業により，帳票に含まれていたデータ項目をいくつかのデータ項目のグループに分けることができました．この結果，帳票を第一正規形のリレーションにすることができています．

（3）データグループの分解と統合（第三正規形へ）

第一正規形のリレーションはよいリレーションでない可能性が高いことはすでに述べました．次に，更新不整合の生じない第三正規形のリレーションに変換する方法について述べます．ここでは，候補キーに部分従属するデータ項目がないか，推移従属するデータ項目がないかを調べ，ある場合はデータグループの分解を行います．また，いくつかのデータグループが同じ情報を表す場合はデータグループの統合を行います．

（i）データグループの分解

まず，キーとキー以外のデータ項目間の従属関係を図示します．**図3.17**の帳票をもとに得られているデータグループの従属関係を**図3.19**に示します．

次に，キー以外のデータ項目間に従属関係がないか調べ，あったならば従属関係を

図3.19　従属関係

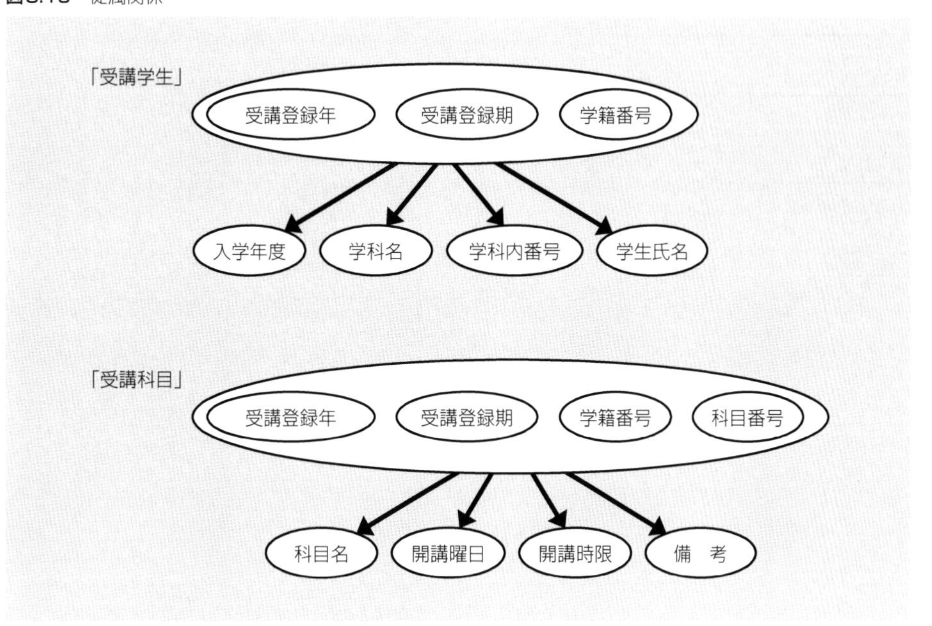

図3.20　キー以外のデータ項目間の従属関係

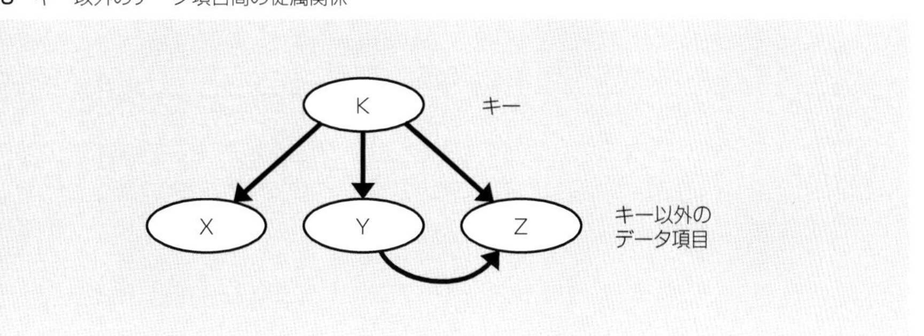

図3.21　データグループの分解

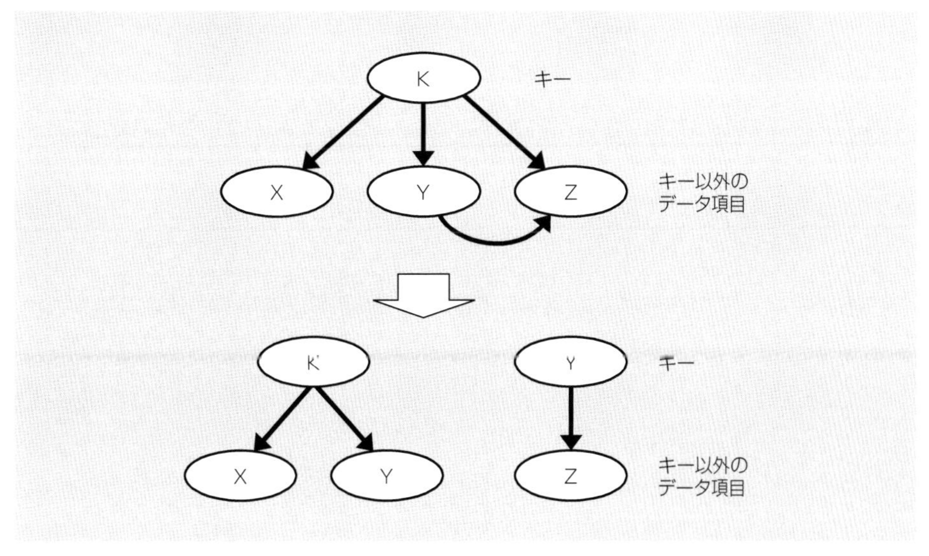

図3.22　組み合わせたキーの従属関係とその分解

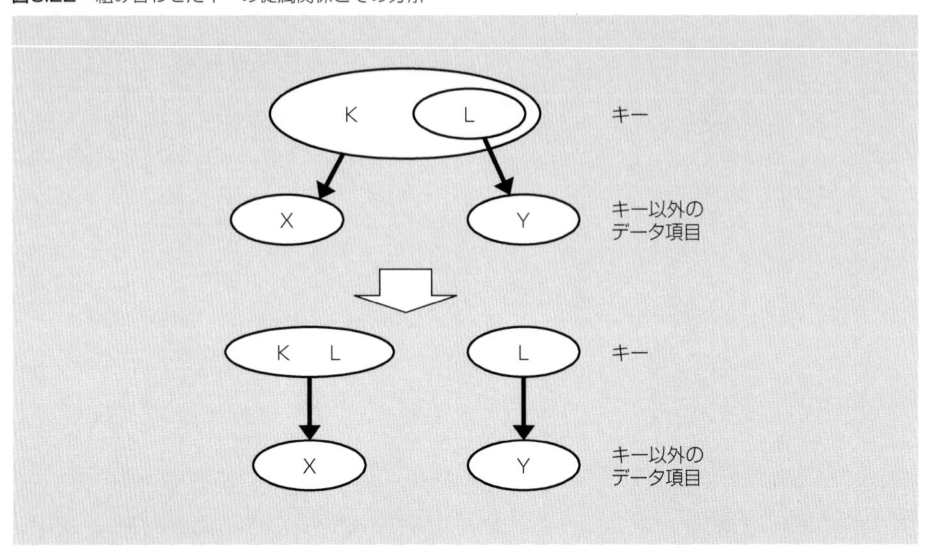

図3.23　従属関係の解析

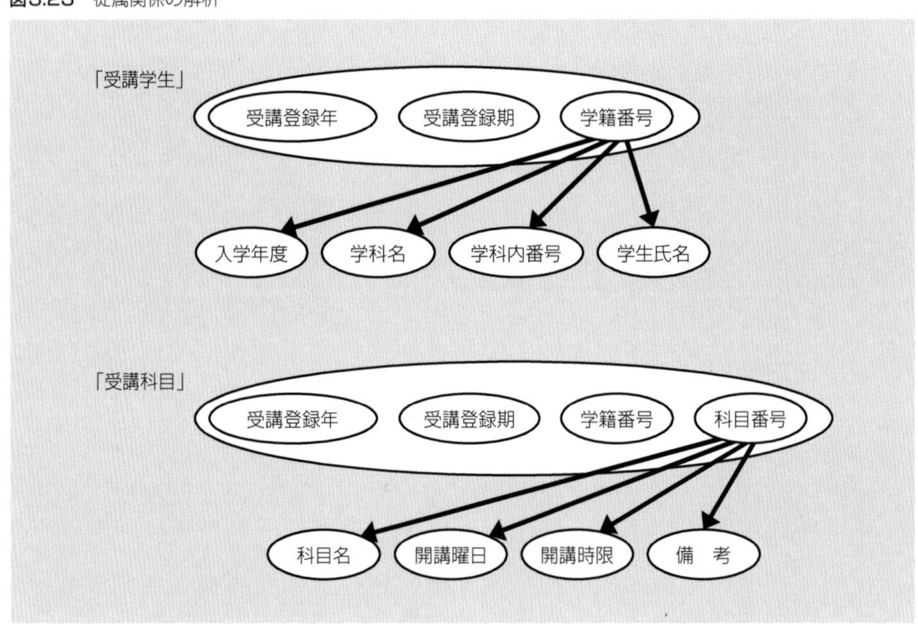

表す矢印を記入します（**図3.20**）．

キー以外のデータ項目間に従属関係がある場合は，これを利用してデータグループを分解します（**図3.21**）．新たなデータグループには名前を付けます．

キーが複数のデータ項目から構成される場合，キーを構成する一つのデータ項目と他のデータ項目間に従属関係がないか調べておく必要があります．

図3.17の帳票をもとにしたデータグループでは，**図3.23**に示す従属関係（部分従属関係）が存在します．

図3.24 得られたデータグループ

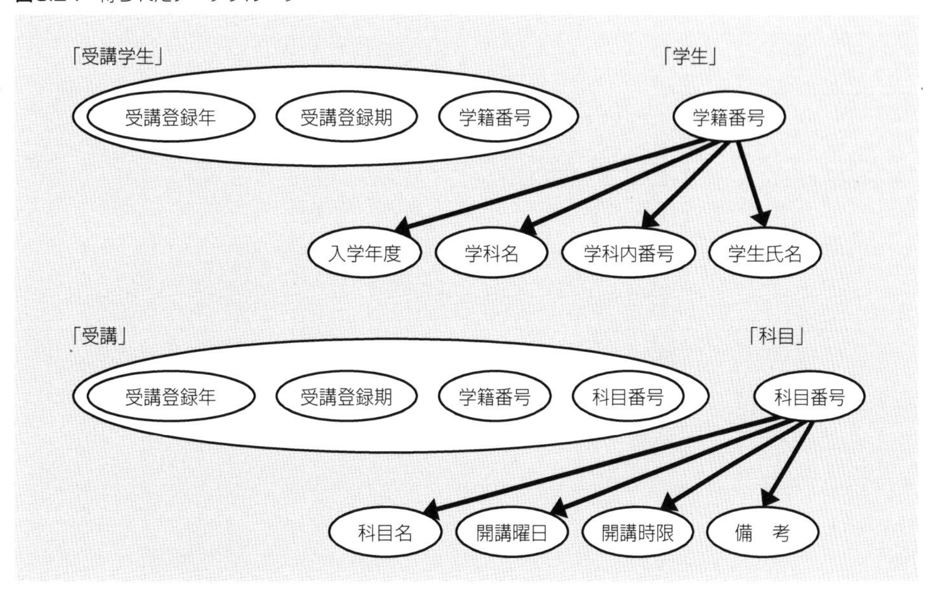

図3.25 データグループの統合

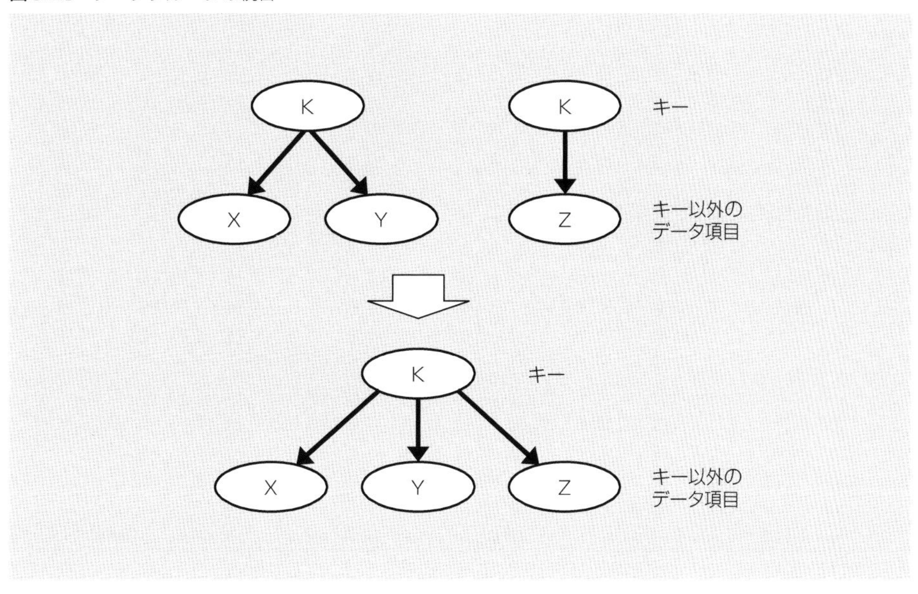

図3.23に示した従属関係をもとにデータグループを分解すると，**図3.24**に示す四つのデータグループが得られます．

(ⅱ) データグループの統合

まず，全く同じキーを持つデータグループを捜します．同じキーを持つデータグループは一つのデータグループに統合します（**図3.25**）．

新たなデータグループのキー以外のデータ項目間に従属関係がないか調べ，ある場合はさらにこのデータグループを分解します．また，得られたデータグループが他のデータグループと統合できないか調べます．このようにして，データグループが分解も統合もできなくなるまで繰り返します．

このようにして得られたデータグループは第三正規形になっています．すなわち，部分従属や推移従属がないリレーションになっています．

(iii) 汎化・特化データグループの関係付け

汎化・特化という考え方にしたがって，これまでに得られているデータグループの汎化のデータグループ（汎化データグループ），もしくは，特化のデータグループ（特化データグループ）を導入するか検討します．

特化データグループに相当するデータグループが複数存在しているのみで，それらに対する汎化データグループが存在しない場合，汎化データグループを以下の手順で作成します．また，これに伴い，特化データグループも変更になります．

① 対象とする複数の特化データグループに共通に存在するデータ項目を求める．
② これらのデータ項目の名前がデータグループで異なる場合は名前を統一する．
③ 共通に存在するデータ項目を汎化データグループのデータ項目とする．
④ 汎化データグループのデータ項目となったデータ項目を特化データグループか

図3.26 データグループの分解・統合手順

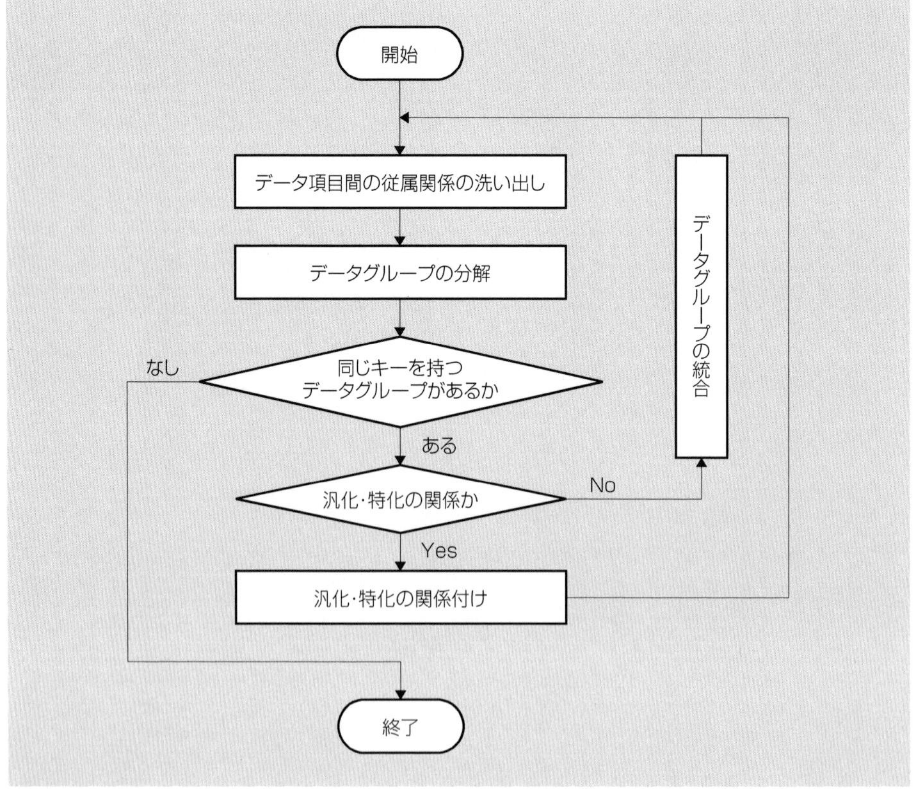

ら削除する．

⑤特化の種別を表すデータ項目を汎化データグループに追加する．

なお，汎化・特化の関係にあるデータグループは，データグループの分解・統合を行いません．

汎化・特化関係を含むデータグループの分解・統合過程のフローチャートを**図3.26**に示します．

(iv) 業務に必要なデータグループの整理

分解も統合もできなくなったら，得られたデータグループが真に業務に必要なものであるかを検証します．業務によっては不必要なデータグループが存在していることがあるからです．

例をもとに考えてみましょう．ここまでで得られているデータグループを以下に示します．

学生（学籍番号，入学年度，学科名，学科内番号，学生氏名）
受講学生（受講登録年度，受講登録期，学籍番号）
受講（受講登録年度，受講登録期，学籍番号，科目番号）
科目（科目番号，科目名，開講曜日，開講時限，備考）

データグループ「学生」と「科目」については問題ないでしょう．問題は，データグループ「受講学生」と「受講」です．ボトムアップな分析ではこれらの二つのデータグループが得られたわけですが，これらは本当に必要なデータグループでしょうか．データグループ「受講」のデータ（タプル）は，ある学生がある年度のある学期にどの科目を受講登録をしたかを表すものですから，今考えている受講登録業務に関しては必要なデータグループであると考えられます．では，データグループ「受講学生」はどうでしょうか．データグループ「受講学生」のデータ（タプル）は，ある学生がある年度のある学期に受講登録しているかを表すものです．業務上，この情報が重要であるならばこのデータグループは必要です．例えば，授業料を支払っていて受講登録をする資格があるかを判断するというような業務があるのであれば，「受講学生」を独立したデータグループとします．そうでなければ，このデータグループは存在する必要はありません．ここでは，業務上，データグループ「登録学生」を独立に存在させる必要はない状況を考え，このデータグループを存在しないものとします．したがって，以下に示す三つのデータグループが得られたことになります．

学生（学籍番号，入学年度，学科名，学科内番号，学生氏名）
受講（受講登録年度，受講登録期，学籍番号，科目番号）
科目（科目番号，科目名，開講曜日，開講時限，備考）

図3.27　データグループ関係図

(ｖ) データグループの参照関係の整理

最後に，あるデータグループのキーと同じ値（の組）を持たなければならないデータ項目（の組）を求めるために参照関係の整理を行います．

参照関係とは，キーを持つデータグループと参照キーを持つデータグループの間の関係です．ここで，参照キーとは，あるデータグループのキーと同じ値（の組）を持たなければならないデータ項目（の組）のことです．例えば，学籍番号がデータグループ「学生」のキーであり，データグループ「学科」に学籍番号というデータ項目がある場合，このデータ項目は参照キーであり，データグループ「学生」とデータグループ「クラス」には参照関係があるということになります．

まず，参照キーを探し出します．これは，同一の名前や類似の名前に注意して求めます．

参照関係があるデータグループに対しては，参照関係が，1対1か，1対多か，多対多か，を整理します．これを図の形にして，データグループ関係図を作成します．

図3.27のような場合，「学生」と「受講」の間には1対多の関係があることを表しています．つまり，一人の学生が複数の受講と対応付けられる（一人の学生が複数の受講を行う）ということです．

(4) 一貫性制約の整理

あるデータ項目の値が他のデータ項目の値を制限するような関係を，一貫性制約といいます．一貫性制約には，導出関係による制約と条件による制約があります．

(ｉ) 導出関係による制約

あるデータ項目の値に演算を施すことによって値が求められるデータ項目がある場合，これらのデータ項目間には導出関係があるといいます．

「単価」と「個数」から求められる「売上高」がこの関係の例です．このような関係がある場合は，データ更新により新たな値を計算する必要があります．

また，「降水量」と「平均降水量」もこの関係の例です．このような統計処理（平均，総和，最大値，最小値，個数等）を施して得られるデータ項目については，データの挿入，削除，変更により新たな値を計算する必要があります．

(ⅱ) 条件による制約

あるデータ項目の値が他のデータ項目の値を制限する場合，これらのデータ項目には条件による制約があるといいます．

例えば，切符の「種別」と指定可能な「列車番号」がこの例です．「種別」が“普通”の場合，列車番号は1から5，“グリーン”の場合は6と7というぐあいです．このような条件を満足しているかを確認する必要があります．

(5) コード体系の統一

(ⅰ) 特殊な単位を持つデータ項目

例えば，単位が「千円」であるといったデータ項目のことです．

(ⅱ) 特殊な構造を持つデータ項目

意味の異なる数字や文字の組み合わせで値を表すデータ項目です．例えば，年月日を“2001/6/26”や“20010626”といったようなデータ項目です．

(ⅲ) 値が特別な意味を持つデータ項目

種類や有無等を特別な値で表すデータ項目です．例えば，単行本を1，雑誌を2で表すというようなデータ項目です．

以上のデータ項目については注意が必要です．とくに，キーと参照キーの関係にあるデータ項目や導出データ項目の場合は，コード体系を同じにしておく必要があります．また，類似の名前を持つデータ項目もコード体系を同じにしておきます．

3.4.4 トップダウンな設計とボトムアップな設計の見直し

これまで述べてきた手順にしたがってトップダウンな設計とボトムアップな設計を行うと，トップダウンな設計からはER図が得られます．一方，ボトムアップな設計からはデータグループが得られます．ER図中の実体集合と関連集合は，3.3.3節に示した方法でリレーションに変換できます．一方，データグループはリレーションの候補であり，3.3.3節に示した方法の逆を考えると，データグループが導き出せるER図が類推できます．この双方を考え合わせ，トップダウンな設計で得られたER図とボトムアップな設計で得られたデータグループから類推されるER図が一致したならば，概念設計を終了することができます．しかし，ER図が一致しなかった場合は，互いに他を考慮に入れて，再度，トップダウンな設計とボトムアップな設計を行わなければなりません．

図3.4に示すER図がトップダウンな設計の結果得られたER図であるとしましょう．ここでは，**図3.28**に示したその一部をもとに説明します．

図3.28 トップダウンな設計で得られたER図（一部）

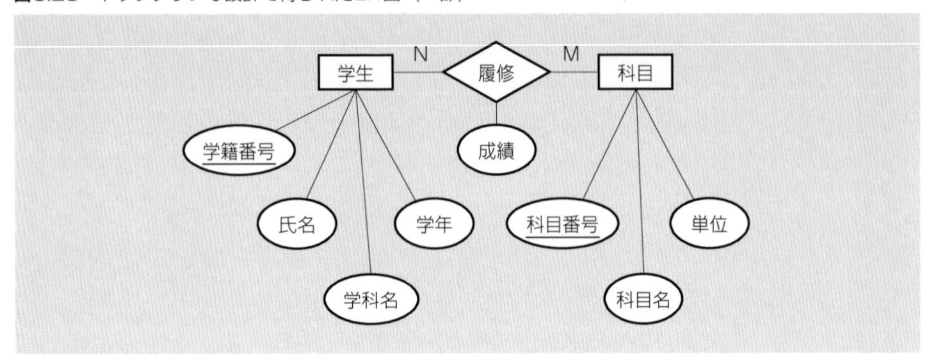

図3.29 データグループからのER図

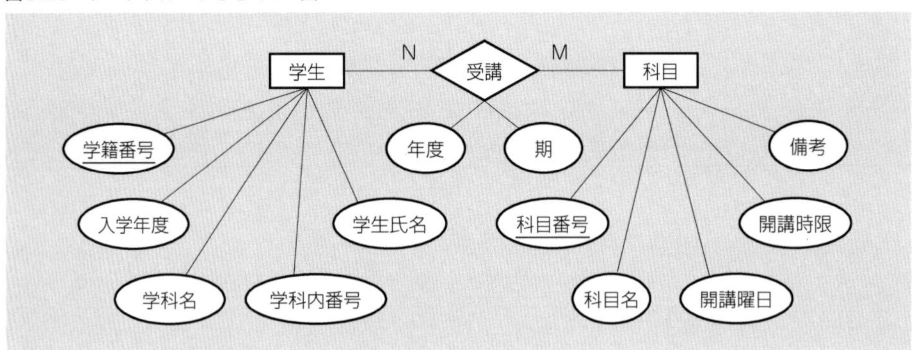

図3.30 概念設計の結果得られたER図

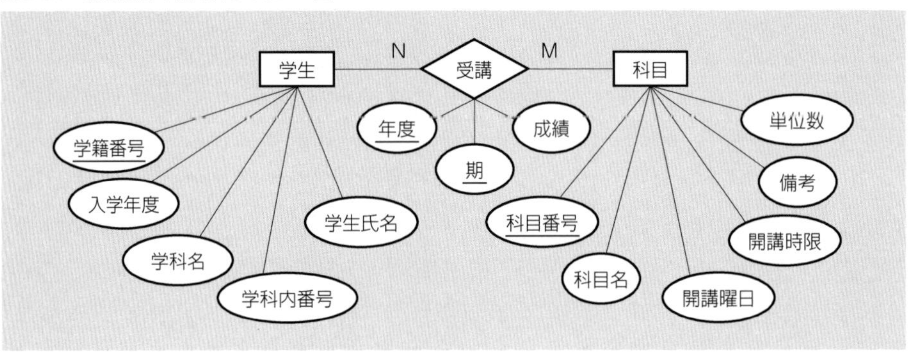

一方，ボトムアップな設計で得られたデータグループは以下のとおりです．

学生（学籍番号，入学年度，学科名，学科内番号，学生氏名）
受講（受講登録年度，受講登録期，学籍番号，科目番号）
科目（科目番号，科目名，開講曜日，開講時限，備考）

これらのデータグループから推定されるER図を**図3.29**に示します．

ただし，**図3.29**では，紙面の都合上，「受講登録年度」と「受講登録期」を，それぞれ，「年度」と「期」として示しました．

図3.28と**図3.29**を見れば分かるように，これらのER図は異なっています．まず，関連集合は「履修」と「受講」です．これらは同じ関連集合なのでしょうか．もしくは，異なる二つの関連集合なのでしょうか．また，二つの実体集合の属性も大きく異なっています．そもそも，**図3.29**は受講登録業務をもとにして得られたものであるから，成績のことを考慮に入れていないのは当然です．一方，トップダウンな設計における「対象業務の記述」には，受講登録年度や受講登録期に関する記述はなく，また，学生の入学年度，学科内番号，科目の開講曜日等の記述もありません．対象業務の記述としては不十分な内容の記述であることが分かります．これらを考慮の上，トップダウンな設計とボトムアップな設計を再度行い，双方からの設計結果が合致するまで設計を続ける必要があります．

ここでは，「履修」と「受講」は同じ意味であると考え，また，実体集合と関連集合はトップダウンな設計とボトムアップな設計の双方から得られた属性を持つこととします．この結果得られるER図を**図3.30**に示します．

3.5 データベースの論理設計

3.5.1 目的

データベースの論理設計の目的は，①概念設計で得られた概念スキーマを使用するデータベースでのスキーマ（論理スキーマ）に変換すること，ならびに，②限られたシステム資源の中で性能のよいデータベースを設計することです．通常，概念設計をした結果を関係モデルに変換して得られたリレーションは理想的なリレーションであり，その通りにリレーションを作成すると，性能上使用に耐えないものとなる恐れがあります．そこで，業務を考えて使用に耐えるリレーションに変更する必要があります．また，検索を高速に行うためのインデックスを付加する必要があります．

3.5.2 関係モデルへの変換

概念設計で得られたER図をもとに関係モデルでのスキーマを求めます．このためには，3.3.3節で述べたERモデルから関係モデルへの変換を利用します．

図3.30に示したER図から得られるリレーションの定義（スキーマ）を以下に示します．

学生（学籍番号，入学年度，学科名，学科内番号，学生氏名）
受講（学籍番号，科目番号，受講登録年度，受講登録期，成績）
科目（科目番号，科目名，単位数，開講曜日，開講時限，備考）

3.5.3 リレーションの設計

業務を整理し，データを利用する時期に偏りがあったり，あまりに多くのリレーションに分解されすぎていたりする場合，いくつかのリレーションを統合するとよい場合があります．また，処理のタイミングが同じで，参照と更新が同時に起こるようなリレーションは，テーブルを分解するとよい場合があります．

(1) 業務の整理

性能の良いリレーションを設計するために，データベースを利用する業務を，例えば，以下の観点から調査します．

・処理のタイミング

業務が行われる時期を調べます．例えば，「4月1日」，「毎月10日」や「午前9時から」といった時期です．

・業務処理量，トラヒック量

それぞれの処理のタイミングごとに，各業務の処理量やトラヒック量を調べます．例えば，月に4回実行し，各回ごとに100件のデータを参照する場合，処理量は4件／月，トラヒック量は400件／月といったぐあいです．

・処理の要求条件

それぞれの処理がデータベースに要求する性能や処理の形態を調べます．例えば，性能は「応答時間5秒」などです．処理の形態とは，処理要求に対してすぐに処理を行う即時処理か，処理をすぐには行わずまとめて行う一括処理かということです．

・業務内容

業務によってどのリレーションを使用するか，その場合，参照か更新かを明らかにします．例えば，受講登録業務では，学生リレーションと科目リレーションを参照し，受講リレーションを更新するといったぐあいです．

これらの調査をもとに以下を行います．

・業務のピーク時の調査

各時期での各業務のトラヒック量を積算し，各時期でどの程度のトラヒックが発生するかを把握します．これから，処理のピーク時期を明らかにしておきます．

・リレーション量の見積もり

まず，各属性のデータ長をもとに1タプルの長さを求めます．ここで，文字列データは，最大長と平均長を把握しておきます．次に，どの程度のタプル数か見積もります．最後に，1タプルの平均長／最大長とタプル数からリレーションの量を見積もります．

・業務とリレーションの関係の整理

どの業務でどのリレーションを参照／挿入／変更／削除するかを把握します．

(2) テーブルの統合

一つの業務の処理が複数のリレーションを関連付けて処理しようとすると，結合(join) を行わなければなりません．結合は処理コストの高い演算であり，多くのリレーションを結合して処理すると非常に高い処理コストとなります．このような，結合を多く行わなければならない業務が処理のピーク時に必要となる場合，処理の要求条件を満足できなくなる可能性が高くなります．この場合，対象となるリレーションを結合し，実行時の結合処理の負荷を軽減する必要があります．しかし，更新不整合が生じることに留意しなければなりません．また，同じデータが繰り返し出現するためにデータ量が増加します．これらのデメリットを承知した上でリレーションの結合を行わなければなりません．

また，リレーションを結合するほかに，他のリレーションの処理に必要な属性を自リレーションにコピーする方法や，対応するタプルが一定数（n）以下である場合にそれらのタプルを格納できるタプルn個分の属性を用意する方法もあります．コピーする方法ではデータ量の増加や更新不整合の恐れという問題が生じる可能性があります．タプルn個分の属性を用意する方法では，これらの問題は生じるとは限りませんが，一定個数以下であるという保障が必要です．

(3) テーブルの分解

複数の業務が同じ時期に同じリレーションに処理が集中すると性能が低下する恐れがあります．これは，通常のデータベース管理システムがデータの一貫性を保持するためにロック（施錠）機構を使用しているためです．ある業務処理があるリレーションに対して処理を行っている間，他の業務処理はその業務処理の終了を待たなければならないために，性能低下がおこるのです．これを防ぐために，一つのリレーションを複数のリレーションに分解することがあります．

リレーションの分解は，業務処理に必要な属性に着目して行います．すなわち，業務処理Aと業務処理BがリレーションRに同時期にトラヒック量の多い処理を行う場合，業務処理Aで必要なRの属性を持つリレーションと業務処理Bに必要なRの属性を持つリレーションに分解します．ただし，Rのキーと共通に必要な属性は両方のリレーションに含めます．これにより，業務処理Aと業務処理Bは別々のリレーションを処理対象とするため競合が生じず，性能の劣化を防ぐことができます．

ただし，このような分解を行った場合，①データ量が増加する，②共通の属性を更新する場合は両リレーションを更新しなければならない，③リレーションRのタプルに相当する情報を挿入・削除するには両リレーションに対して挿入・削除を行わなければならない，④リレーションRに相当する情報を扱うには結合を行わなければならないというデメリットがあるので，分解は真に止むを得ない場合にのみ行うべきです．

3.5.4　属性の設計

参照時に計算を行っているような場合で検索速度が遅いときは，データ格納時に計算し新たなデータ項目の中に格納しておくとよい場合があります．また，データ量を削減したい場合は，複数のデータ項目をまとめて一つのデータ項目とするとよい場合もあります．

これらが終了したならば，名前を付け，データの型，桁数，ならびに，省略可か否かを決定します．データの型や桁数に関しては，使用するデータベース管理システムによって差異があるのでマニュアルを参考にして決定する必要があります．

以上でリレーションの構造が決定されます．

3.5.5　インデックスの設計

検索を高速に行うためにはインデックスが不可欠です．しかし，インデックスを付けると更新処理が遅くなります．これは，本来のタプルの更新とともに，インデックスの更新も行わなければならないからです．また，インデックスのための格納領域を必要とします．場合によっては，もとのリレーションよりも大きな格納領域を必要とする場合もあります．したがって，インデックスを付けるには注意が必要です．

一般には，検索の絞り込み効果の高い属性，結合処理を行う属性，順序化を行う属性にはインデックスを付けます．

一方，以下のような場合はインデックスを付けません．

・必要のないインデックス

　むやみにインデックスは付けません．これは，データ量の増大や更新処理の性能劣化を招くためです．通常，インデックスは1リレーションに1～3個程度にします．

・値の種類が少ない属性

　性別のように値が少ない属性は絞り込み効果が低くなります．このような属性にはインデックスを付けません．

・検索効率の悪い属性

　値の種類は多くてもデータの分布に偏りがあり，絞り込み効果が低い属性にはインデックスを付けません．

・タプル数の少ないリレーション

　タプル数が少ないリレーションでは，インデックスを使用するよりも直接検索したほうが速い場合があるので，インデックスを付けません．

3.6 データベースの物理設計

3.6.1 目的

データベースの物理設計の目的は，データの格納方法や管理方法を具体的に決定することです．データの格納方法や管理方法は使用するデータベース管理システムによって異なるので注意が必要です．

ここでは，ディスク容量の見積もり，メモリ量の見積もり，ならびに，ログサイズの見積もりを行います．これらの見積もり後に，データベース処理に要する時間やバックアップの作成頻度を見積もり，要求条件を満足するか評価します．

各種容量の見積もりや性能見積もりで要求条件を満足できないことが分かった場合は，データベース論理設計に戻り，リレーションの構成を再検討する必要があります．

ここでは，ディスク容量の見積もりについて概説します．これは，使用するデータベース管理システムによって様々であるので注意します．

3.6.2 ディスク容量の見積もり

必要なディスク容量の見積もりを行い，システムの要求条件を満足しているかを評価します．ディスク容量としては，本来のデータのための容量やインデックスのための容量のほかに，ログデータのための容量，一時作業領域のための容量，システム情報のための容量等がありますが，使用するデータベース管理システムによって異なります．例えば，本来のデータとインデックスを同一のファイルとして格納するものもあれば，別々のファイルとして格納するものもあります．また，データベース全体を一ファイルとして管理するものもあれば，リレーションごとに異なるファイルとして管理するものもあります．さらに，マルチメディアデータなどはデータ型によって別のファイルとして管理するものなど，さまざまであるので注意が必要です．

(1) 業務データのディスク容量

タプル平均長やタプル最大長とタプル数から業務データの総量が計算できますが，データベース管理システムによっては，それがそのままディスク容量にならないものもあります．これは，データを固定長のページ内に格納しスロットとして格納するよ

図3.31　格納構造

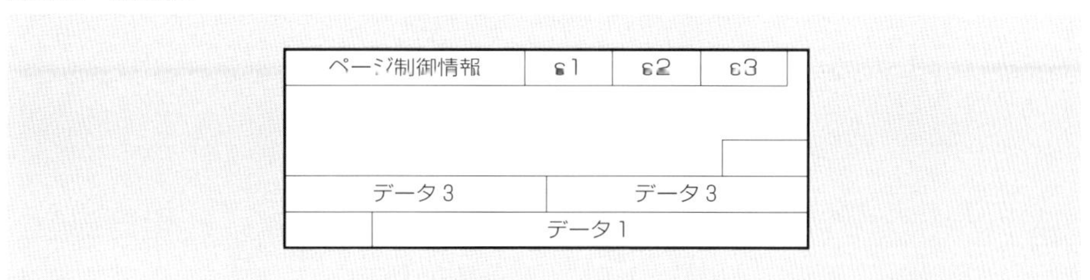

うな場合です．ここでは，データのスロット管理の典型的な例をもとに，業務データのディスク容量を検討してみましょう．

データをスロット管理すると，おおむね，**図3.31**に示すような格納構造となります．図中，s1等は，データ1等のページ内での位置や長さを格納する制御情報（スロット制御情報）です．

このような場合，ページ制御情報とスロット制御情報のオーバヘッドが生じます．このほかにも，各データには，ある属性の値がNULLであるか否かを示すフラグ領域等が付く場合があり，これも同様のオーバヘッドとなります．

さらに，データ中（すなわち，タプル中）に可変長の属性がある場合，更新によってデータ長が増大する可能性がありますが，これによるタプルのページ移動を防止し，データの格納状況の変化を少なくするために，データ挿入時にはページに余裕を持たせることがあります．これは，PCTFREEなどというパラメータで与えられ，あらかじめページの何%を空けておくかを指定します．

例えば，ページサイズが4096バイト，ページ制御情報が32バイト，スロット制御情報が1データあたり4バイト，PCTFREEが30%，平均タプル長が256バイト，タプル数が100,000の場合を考えましょう．

まず，1ページ内でデータ用に使用できる領域は，（4096－32）×0.7＝2844バイトです．1タプルあたり256＋4＝260バイト必要ですから，1ページに格納できるタプル数は，2844÷260＝10.9で10となります．したがって，ページ数は100,000÷10＝10,000ページとなります．1ページ4096バイトですから，4096×10,000＝40,960,000バイト必要となります．これは，単純計算したデータ量（256×10,000＝25,600,000）よりかなり大きな容量です．

(2) インデックスのディスク容量

データベース管理システムではインデックスとしてB^+木インデックスがよく使用されます．ここでは，B^+木インデックスの場合のディスク容量について述べます．

B^+木では，索引部とデータ部から構成されます．索引部はキーとポインタから構成されます．キーに対してデータ実体が一つのみのユニークインデックスの場合，データ部は，キーとデータ実体，または，データ実体へのポインタで構成されます．これに対し，キーに対して複数のデータ実体があり得るデュプリケートインデックスの場合，データ部は，キーとデータ実体の列，データ実体へのポインタの列，または，複数のデータ実体を格納するページの情報（例えば，ページ番号）で構成されます．また，通常，B^+木の1ノードを1ページとします．したがって，1ページ内にかなりの数のエントリが格納できます．

ここでは，デュプリケートインデックスを考え，データ部がキーとデータ実体へのポインタの列で構成されるとして検討してみましょう．

例えば，キー長が12バイト，ポインタ長が8バイト，タプル数が100,000，異なるキー値の数（全キー数）が20,000，1キー値あたりの平均タプル数が5，ページ長が4096バイト，ページ制御情報が32バイト，PCTFREEが20％の場合を考えましょう．1ページ内で使用できる領域は，（4096－32）×0.8＝3251バイトです．

まず，データ部です．データ部では，順方向と逆方向のページへのポインタがあるものとすると，1ページあたり3251－8×2＝3235バイト使用できます．データ部に格納するエントリは，キーとそのキーを持つデータ実体へのポインタの列で構成されますので，平均のエントリ長は，12（キー長）＋8（ポインタ長）×5（キー1個の平均タプル数）＝52バイトです．これより，1ページに3235÷52＝62エントリ格納できます．全キー数が20,000ですから，20,000÷62＝322.6で323ページ必要です．

次に，索引部です．索引部の1ページに格納できるキーの数（n）は下式で求まります．

$$12 \times n + 8 \times (n + 1) = 3251$$

ここで，12はキー長，8はポインタ長，3251は有効ページ長です．これより，nは162となります．したがって，索引部の1ページあたり162＋1＝163のデータ部のページを管理することができます．したがって，323÷163＝1.98で索引部の中間部として2ページ必要です．さらに，索引部の最上位部が1ページ必要なので，索引部全体として，1ページ＋2ページ＝3ページ必要です．

以上より，データ部323ページと索引部3ページの計326ページ必要になります．したがって，4096×326＝1,335,296バイト必要になります．

第4章

トランザクション処理

ACID特性／直列化可能性／同時実行制御／ロッキング／時刻印／
デッドロック

トランザクションでは，ACID特性（原子性，一貫性，隔離性，耐久性）が保証されていなければなりません．これを実現するためには，直列化可能であることが必要であり，トランザクション処理を直列化可能にすることがデータベースの同時実行制御の重要な役割です．同時実行制御のメカニズムとしては，ロッキングと時刻印の二つが代表的な方式です．そしてロッキングにおいての大きな問題がデッドロックです．この状態に陥ると，DBMSの運用が麻痺してしまうなど，深刻な事態になるので，デッドロックの検出と防止が，トランザクション処理には欠かせません．

4.1 トランザクション処理とその必要性

1.2.3節でデータの**一貫性**の問題について説明し，トランザクションについてふれました．ここでは，トランザクションの概念の必要性をもう少し明確にするために，成績管理のデータベースについて，つぎのような例を考えてみましょう．ある科目について，学生の氏名，成績，レポートの提出回数を記した成績簿テーブルAがあるとします．テーブルAに対して，つぎのようなUPDATE文

```
UPDATE A
SET A.成績 = A.成績 + 10
WHERE A.提出回数 >= 3;
```

により，レポート提出回数が3回以上の学生の成績に10点を加える処理をするものとします．この場合の更新処理は，テーブルAのすべてのレコードを逐次検索し，必要

ならば更新しなければなりません．マルチユーザの環境では，他の多くのユーザが同時にテーブルAにアクセスすることがあり得るので，正しく排他制御を行って，テーブルAのデータ内容に一貫性が保たれるよう配慮されなければなりません．しかし，この処理を実行中に，たとえば，作業用のメモリが不足して実行を継続できなくなった，データベース・システムのバグが原因でアボートされた，突然，計算機の電源が落ちたなどの不測の事態が起きたとしましょう．

このとき，テーブルAの状態は一貫性のある状態ではありません．すなわち，テーブルAが50件のレコードを有しており，30件目のレコードを処理中にUPDATE処理が上記のような理由で中断されたとすれば，30件目のレコードが更新済みかどうかは不明であることはもちろん，テーブルAのレコードについて，どこまで更新済みかどうかをAの現在の状態からは知ることはできません．

更新処理を開始する直前の状態，およびすべてのレコードを操作して更新処理が完了した状態においてのみ，テーブルAのデータは一貫性が保たれますが，更新処理を実行中は一貫性が保証されません．したがって，上記の場合には，不測の事態の原因を取り除いた後， UPDATE処理を開始する以前の状態にテーブルAを復旧して，再度同じ更新操作を行う必要があります．復旧できるためには，DBMSに復旧の機能が備えられていなければなりません．

上記の例からわかるように，データベース処理はAll or Nothing であるといえます．すなわち，すべて処理を完了してしまうか，さもなくば，全く処理しないかのいずれかであり，途中まで処理済みにして，以降はほったらかしといった中途半端な状態を許してはならないのです．

トランザクションとは，首尾一貫したデータに対する一連のデータベース操作の集まりです．このような一連のデータベース操作が終了した後は，かならず操作対象のデータの一貫性が保証されなければなりません．すなわち，トランザクションはデータの一貫性を崩すことがあってはなりません．また，SQLにおけるCREATE TABLE, SELECT, INSERT, DELETE, UPDATEなどの各文は，トランザクションの中でなければ，それ自身で一つのトランザクションでなければなりません．

ここで，トランザクションの四つの特性をまとめておきます．これらは，原子性（atomicity），一貫性（consistency），隔離性（isolation），耐久性（durability）の頭文字をとって，ACID特性と呼ばれています．

(a) 原子性（atomicity）

トランザクション中の操作はすべて実行されるか，全く実行されないかのどちらかである．

(b) 一貫性（consistency）

一貫性のあるデータベース・データに対して行われるトランザクションの実行後，

操作対象のデータは，必ず一貫性が保証されていなければならない．

(c) 隔離性 (isolation)

同時に並行に実行されるトランザクションは，たがいに他のトランザクションの影響を受けてはならない．同時並行処理されるトランザクションの実行後のデータの状態は，それらのトランザクションをある順序で逐次に処理したときのデータの状態に一致しなければならない．

(d) 耐久性 (durability)

ハードウエアおよびソフトウエアの障害があっても，トランザクションの実行結果の最新データは正しく保持されていなければならない．

アプリケーション・プログラムはDBMSに対して，トランザクションの開始を宣言でき，COMMIT文でデータに対する操作結果をデータベース中に反映することにより，トランザクションを完結できます．また，ROLLBACK文により，トランザクション中の操作によるデータの変更をすべて取り消すことができ，データベースの状態をトランザクション開始以前に復旧できます．トランザクションが，実行中に何らかの理由で異常終了する場合には，DBMSは異常を検知してROLLBACK処理を行います．

4.2 直列化可能性

トランザクション処理の要求は同時に多くのクライアントやアプリケーションから発生することがあります．これらのトランザクションは通常，処理の効率化のために並行して実行されます（並行トランザクション）．複数のトランザクションが同じテーブルデータを使用しようとしたときには，ACID特性の隔離性（互いに他のトランザクションの影響を受けない）に反して，たとえば1.2.3節で述べたような二重更新の問題が発生して，正しい一貫性のあるテーブルデータを維持できないことがあります．このような一貫性の維持を保証するためには，他のトランザクションと並行に実行する場合とそのトランザクションのみを逐次に実行した結果との間で差異を生じることがあってはなりません．

複数のトランザクションを並行に実行するためのスケジュール（順番）は，複数考えられますが，その中で，正しい結果が得られるようなスケジュールを選ぶ必要があります．あるスケジュールSが正しいかどうかを判定するために，使用が競合するデータに対するSのデータ操作の順序と同じ順序の直列スケジュールが存在し得るとき，Sは直列化可能（serializable）であるといいます．ここで，直列スケジュールとは複数のトランザクションを順次実行するときのスケジュールです．Sが直列化可能であるとき，Sおよび対応するSの直列スケジュールの実行結果は同一であることが保証されます．

4.3 同時実行制御

複数のトランザクションによるデータベースへのアクセス順序を制御することにより，トランザクション処理を直列化可能にすることをデータベースの同時実行制御といいます．このような同時実行制御のメカニズムとしては，以下の二つが代表的です．

(a) ロッキング方式

先行してデータにアクセスするトランザクションがデータにロック（施錠）をかけ，他のトランザクションが同時に使用することを排除することを基本とする方法です．ロックをかけたトランザクションがデータの使用を終え，ロックを解く（アンロックする）まで，他のトランザクションは待ち状態になります．

(b) 楽観的制御方式

ロッキング方式は複数のトランザクションが頻繁に競合して同じデータにアクセスする場合には有効です．しかし，データベース操作が読み込みが主体である場合や，データアクセスの競合がさほど起こらない場合には，わざわざロックを掛けて，ロックのオーバヘッドを引き起こすことはあまり好ましくありません．そこで，ロックを行わずに同時アクセスして，読み込みや書き込み操作時に，実際に不都合が検知されたならばトランザクション処理を再度やり直せばよいという考え方があります．この考え方による同時実行制御のメカニズムを実現するために時刻印（タイムスタンプ）が使われ，時刻印により不都合を検知します．とりあえず，他のトランザクションとの競合はないだろうと仮定するので楽観的制御と呼ばれます．

以降では，ロッキング方式を中心にして説明します．

4.3.1 ロッキング

1.2.3節（p.12）で述べた二重更新の問題はアクセスが競合するデータをロックして，排他アクセスを保証することにより，回避できます．たとえば，**図1.6（b）**（p.13）の更新の場合，A氏のトランザクションは口座の預金データの読み込み更新を完了するまでの間，預金データをロックします．更新後，データが確定してから，ロックを解除します（**図4.1（b）**参照）．更新中に発生した，A氏夫人のトランザクションにおける預金データの読み込み要求は，A氏のトランザクションによりすでにロックがかけられているので，ロック獲得待ちの待ち行列に追加され，アンロックを待つことになります．もし，ロック中に他のトランザクションからもアクセス要求があれば，同じように待ち行列に追加されます．**図1.6（c）**の更新に対しても同様にロックに

図4.1 トランザクションのスケジュール

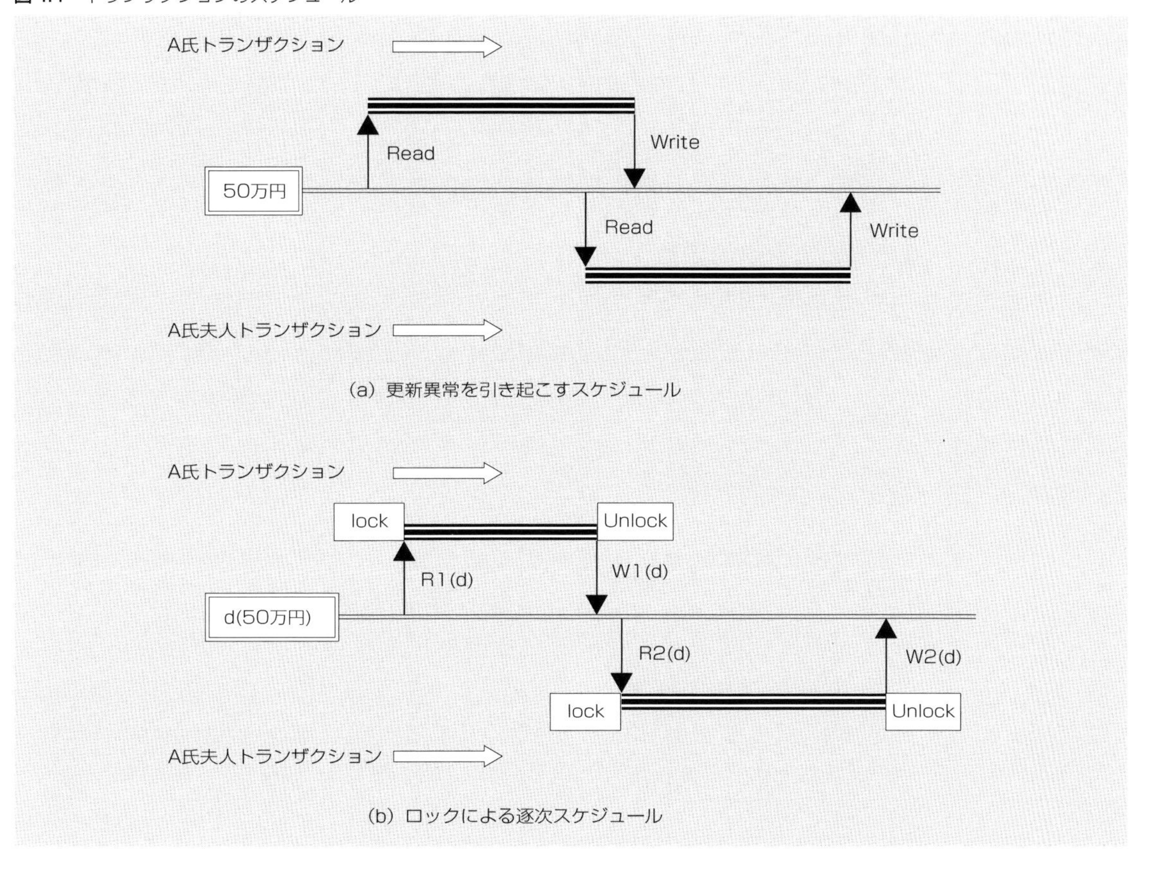

よる排他制御により，更新は逐次的に実行されます．**図4.1** (b) は直列スケジュールであり，**図4.1** (a) におけるような更新異常は起こりません．

4.3.2 ロックの粒度

ロック対象のデータ単位をロックの粒度といいますが，通常，つぎの (a) ～ (d) の順に粒度が大きくなります．

(a) カラム単位
(b) レコード単位
(c) テーブル単位
(d) データベース全体

(d) はデータベースの再編成やシステムの保守作業等の際に，多く使用されます．また，データベースのデータは通常二次記憶上のページを単位として割り当てられますが，(a) ～ (d) の区分とは別にページ単位にロックがかけられることがあります．

ロックの粒度が大きいほど，ロッキングのプロトコルは単純ですが，ロックがかけられている間，他のトランザクションがデータにアクセスできず，並行処理の効率が低下します．また，ロックの粒度が小さくなるにつれて，ロッキングのプロトコルはより複雑になりますが，複数のトランザクションによる並列性がきめ細かく確保され，並行処理の効率が向上します．一般的には，トランザクションのアクセス対象のデータに応じて，ロックの粒度を選択できることが望ましいといえます．

4.3.3 ロックの種類

データベースが検索専用であり，データへのアクセスがすべて読み出しのみである場合には，たとえば，二重更新の問題におけるような矛盾は生じません．したがって，トランザクションはデータにロックを一切かける必要はなく，最大限の並列性が確保できます．

トランザクションが競合し得るのは書き込み操作を含む場合です．ロックは，あるトランザクションにロックがかかり，データを処理中でも他のトランザクションのアクセスを許す**共有ロック**（shared lock）と，すでにロックがかかって処理中であれば，他のトランザクションのアクセスを許さない**専有ロック**（exclusive lock）に分けられます．読み出し操作には，共有ロックが必要ですが，専有ロックは必要としません．一方，書き込み操作には専有ロックが必要です．共有ロックは**リードロック**（read lock）ともいわれ，また，専有ロックは**ライトロック**（write lock）ともいわれます．

データに共有ロックがかかっている間は，専有ロックをかけることは不可能です．専有ロックをかけるには共有ロックが解除されるまで待たされますが，共有ロックは重複してかけることが可能です．一方，データに専有ロックがかかっていれば，別のトランザクションが共有ロックも専有ロックもかけることは不可能であり，専有ロックが解除されるまで待たされることになります．この関係を**図4.2**にまとめておきます．

4.3.4 ロックによる直列化可能スケジュール

再び1.2.3節の二重更新の問題を考えます．ロックの種類をリードロック，ライトロックの2種類に分類し，リードやライトの操作の直前にそれぞれリードロック，ライトロックをかけ，操作直後にはただちにアンロックすることにします．これにより，

図4.2 リードロックとライトロックの競合

かけようとするロック ＼ すでにかかっているロック	—	R	W
R	○	○	×
W	○	×	×

—：ロックがかかっていない　R：リードロック　W：ライトロック
○：ロック可能　×：ロック不可能

長い時間，**図4.1（b）**におけるように同一トランザクションがロックし続けることを防止できます．リードロックとライトロックによりスケジュールすると**図4.3**のようになります．ところが，**図4.3**は直列化可能なスケジュールではなく，やはり，更新異常を引き起こします．このことを確認するために直列スケジュールである**図4.1（b）**と**図4.3**のスケジュールの等価性を検討しましょう．

先にも述べたように，トランザクションが競合し得るのは書き込み操作を含む場合であり，問題になるのは同一のデータに対する読み込みと書き込みの順序関係であるといえます．すなわち，同一データdに対するあるトランザクションのread, writeの順序が，逐次実行したときと変わらなければ，そのトランザクションの実行結果は逐次実行のときと同じであり，異常を引き起こしません．この順序として，つぎの三つに着目します．

(a) トランザクション1がreadした（R1(d) と表記）後，トランザクション2がwriteする（W2(d) と表記）．
(b) トランザクション1がwriteした（W1(d)）後，トランザクション2がreadする(R2(d))．
(c) トランザクション1がwriteした（W1(d)）後，トランザクション2がwriteする(W2(d))．

このような観点から，**図4.1（b）**と**図4.3**の二つのトランザクションのアクセス履歴を示すと，それぞれ，

```
R1(d)W1(d)R2(d)W2(d)    図4.1（b）
R1(d)R2(d)W1(d)W2(d)    図4.3
```

図4.3 直列化可能でないスケジュール

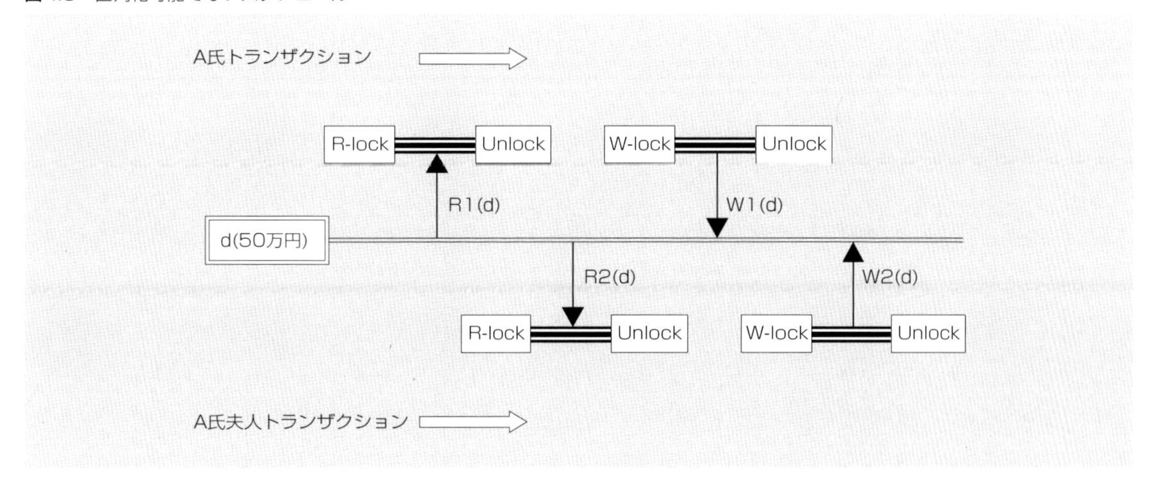

となり，W1(d) とR2(d) の順序が異なっており，二つのスケジュールは等価ではありません．したがって，**図4.3**のスケジュールは直列化可能ではありません．

4.3.5 2相ロッキング・プロトコル

4.3.3節では，ロックを共有ロックと専有ロックの二つに分類して，4.3.4節ではロックの期間をきめ細かく切り換えて並行処理の効率を上げようとしましたが，**図4.3**のように直列化が不可能なスケジュールが存在しました．これは，同じデータにロックをかけたり，解除したりするタイミングを複数のトランザクションの自由意志に任せてしまうことによる統制の欠如に起因しています．そこで，ロッキングの手順について，あるプロトコルを設けることにより，複数トランザクションによるスケジュールを直列化可能にすることが考えられます．このようなプロトコルの一つとして以下のような2相ロッキング・プロトコルがあります．

各トランザクション中のロックの操作はロックをかける操作からなる成長相と，ロックを解除する操作だけからなる縮退相の二つに分離されなければならない

この規約に従えば，縮退相に入って，いったんあるデータのロックを解除すれば，その後はいかなるデータに対するロックも獲得できないことになります．たとえば，**図4.3**のスケジュールでは，二つのトランザクションで，いずれもデータdに対するロックとアンロックが交互に生起しているので，2相ロッキングではありません．

2相ロッキングによる直列化は，上記プロトコルに従わないトランザクションが一つでも存在すれば，直列化は保証されません．さらに，2相ロッキングは他のトランザクションからのアクセス要求が，あるデータをロックしたまま他のデータのロックを要求することを排除できないために，つぎに述べるデッドロックの状態に陥ることがあります．

4.4 デッドロック

一般にデッドロックとは複数のプロセス（トランザクション）がそれぞれ計算資源を専有しながら，たがいに他が専有している資源を要求するために，各プロセスが資源獲得待ちの待ち状態に移行し，この待ち状態から抜け出すことができないでいる「すくみ」の状態をいいます．たとえば，**図4.4**では，プロセスAは磁気テープを専有しながら，新たにプリンタの使用を要求しています．また，プロセスBはこれとは逆にプリンタを専有しながら磁気テープの使用を要求しています．すなわち，二つのプロセスは互いに相手が専有している資源の使用を要求しており，いずれも要求が認められるのを待っている状態ですが，このままでは，この状態を脱することはありません．

図4.4 デッドロック状態

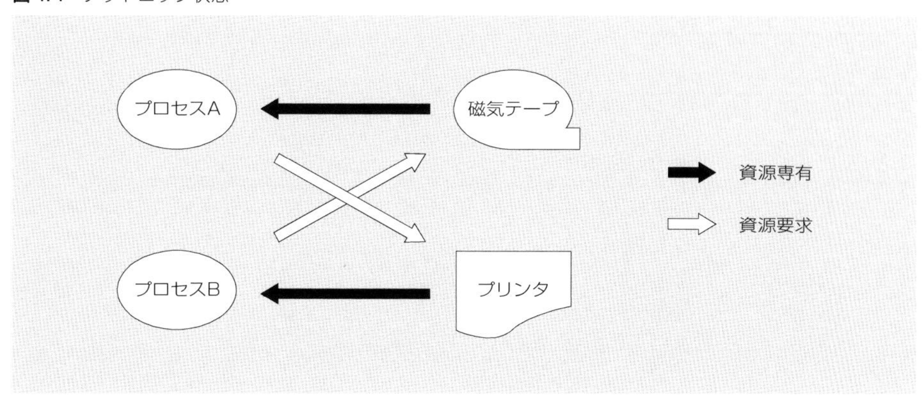

このすくみの状態を脱するためには，たとえば，一定時間，経過しても，待ち状態のままであるときには，デッドロック状態に陥ったと判断して，プロセスの一つが自分の意志で自身をアボートしたり，外部からプロセスの一つを強制的にアボートして現在，専有している資源を解放してやるなどの処置が必要です．UNIXなどのオペレーティング・システムでは，デッドロックに対する対策は何ら施されておらず，また，資源要求のコントロールがシステムコールを通じてユーザレベルでかなり自由にコントロールできるために，デッドロックが起こり得ます．したがって，上記のような処置が必要です．しかし，プロセスがメモリ上の処理のみの場合には，デッドロックの可能性を回避した後，プロセスを再起動することにより，正常に終了させることができます．また，二次記憶中のファイル処理を含む場合でもファイル単位の簡単な回復操作により，それまで，二次記憶に対して行われた変更を消去して，再度やり直すことができる場合も多いのです．

ところが，データベース・システムの場合には，デッドロックの状態は深刻です．デッドロック状態の原因となっている資源によってはDBMSの運用そのものが麻痺してしまうこともあります．

図4.5 デッドロック状態を表す資源グラフ

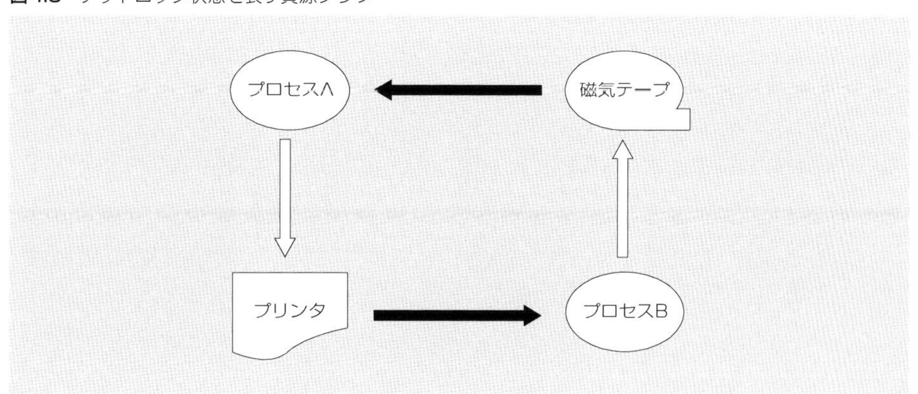

デッドロックに対する対策はデータベース処理の基本単位であるトランザクションの枠組みの下で考える必要があります．一般にデッドロックに対する対策として，

・デッドロックの検出
・デッドロックの防止

があります．

4.4.1 デッドロックの検出

デッドロックを検出するための簡易な方法は，先にも述べたようにトランザクションの待ち時間がある一定時間以上になったときに起きる割り込みにより，デッドロックを起こしていると判断する方法です．このほかに，以下に述べる資源グラフにより検知する方法があります．

資源の専有と要求の関係を示す**図4.4**のようなグラフは資源グラフ（resource graph）と呼ばれます．**図4.5**は**図4.4**と等価な資源グラフです．資源グラフが**図4.5**のように巡回しているときには，デッドロックが起こっていると判断できます．

図4.6 三つのトランザクションによるデッドロック

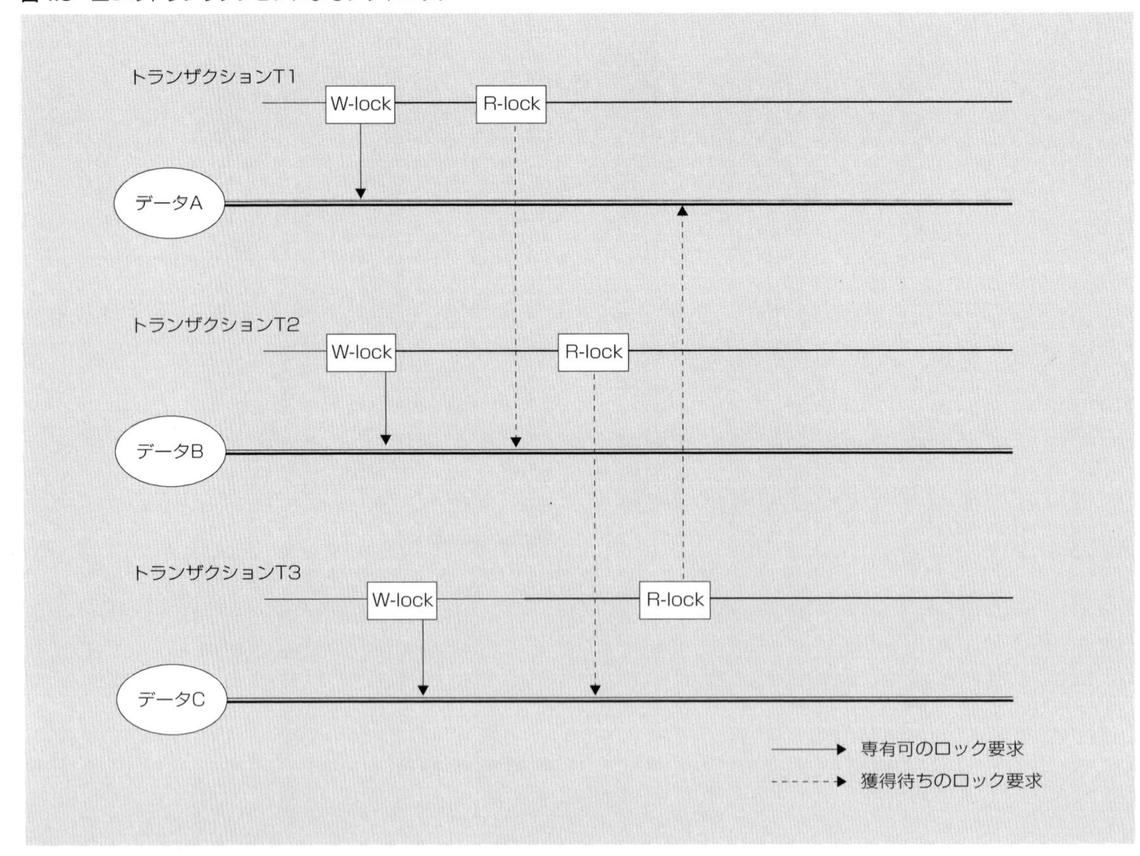

図4.7 図4.6の資源グラフ

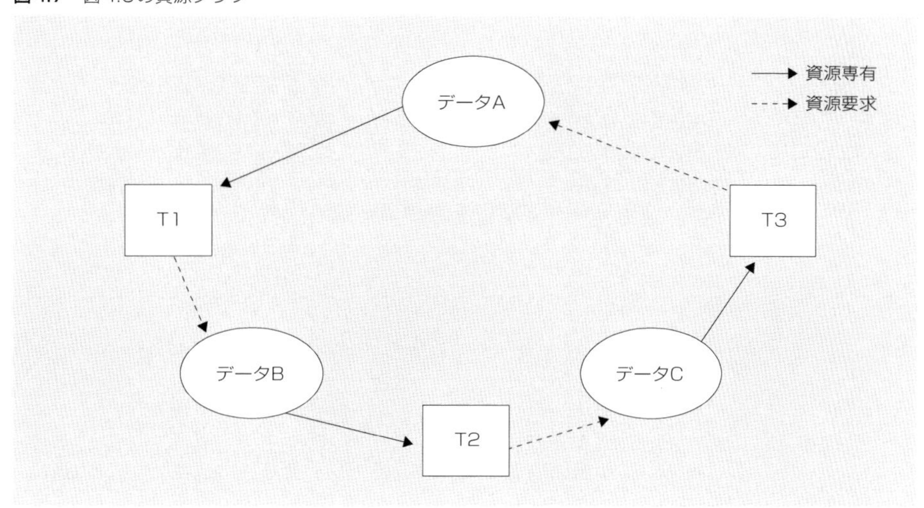

図4.6は三つのトランザクションと三つのデータを巡るデッドロックの状態であり，その資源グラフは**図4.7**で表せます．

資源グラフによる方法では，ロックの要求と認可のたびにDBMSは内部に資源グラフのデータ構造を作成していきながら，巡回しているか否かを，データ構造をたどりながらチェックします．ループを構成しているならばデッドロックを起こしているので，関与するトランザクションを選んでそれをアボートします．アボートにより，そのトランザクションが行ったデータベースへの変更はすべて取り消されます（ロールバック）．このとき，選択基準として，ロールバックのコストを考慮して，つぎのようなものが考えられます．

- 開始時間がもっとも遅いもの
- データの更新回数がもっとも少ないもの

4.4.2 デッドロックの防止

デッドロックが起こるのを防ぐには，端的にいって，資源グラフが巡回しないようにすることです．このための具体的な方法として，以下のものが考えられます．

(a) ロックの一括獲得

トランザクションの開始時に必要なロックをすべて獲得する方法です．もし，獲得できないロックがあれば，それまでにかけていたロックをすべて解除して，一定時間後に再度，必要なロックの獲得を試みることを繰り返します．この方法では，ロック獲得待ちになることはないので，資源グラフは巡回しません．この方法の欠点は，競合するトランザクションが多いときには，ロックをすべて一括して獲得するまでに，無駄なロッキングと解除を多くする必要があることであり，このことが，トランザクションのスループット低下につながります．また，開始時にすべてのロックの獲得に成功してデータを専有しても，以後のトランザクション処理において，条件分岐があれば，実際にアクセスされないこともあります．このことも，トランザクション処理の並行性を阻害し，スループットを低下させる要因となります．

(b) 使用データに順番を設ける方法

複数のトランザクションがロックをかけて使用するデータ集合の各々のデータに対して，使用の時間的な順番を設定し，すべてのトランザクションがこの順番を遵守して必要データにロッキングする方法です．使用を終えてロックを解除されたデータはその後は使用できません．二つのデータA, Bについて，使用順序がA < Bであるとします．あるトランザクションがAを使いながらBのロックを要求しても，他のトランザクションはBを使いながらAのロック要求をすることはありません．したがって，この方法では，資源グラフは巡回しません．(a) のロックの一括獲得のようにトランザクション処理の並行性があまり阻害されないのはこの方法の長所ですが，順番を遵守するようにトランザクションの実行ロジックを設定する必要があることが欠点です．

(c) トランザクションに優先順位を設ける方法

システムの時刻印により，開始時刻をトランザクションに付与します．各トランザクションは開始時刻の早いものほど，ロッキングの高い優先順位を与えます．すなわち，あるトランザクションT1がロックを獲得したいデータに対して，優先度の低い他のトランザクションT2がすでにロックをかけて使用中であっても，トランザクションT2のロックを強制的に解除し，使用権を剥奪し，代わりにトランザクションT1にロックを認可して使用させます．このとき，トランザクションT2はアボートし，したがってロールバックした後，再実行されることになります．もし，トランザクションT1のほうが優先度が低ければ，データに対するロック獲得待ちの待ち行列に入れられます．このような方法では，優先度が高いトランザクションが，優先度の低いトランザクションのロックが解除されるのを待つことはありません．したがって，資源グラフは巡回することはありません．強制的にアボートしロールバックされたトランザクションに対して，再度実行を開始したときの時刻印を与えたならば，さらに優先度が低くなり，再度アボートされるおそれがあるので，時刻印は変更しません．この方式では，競合が増えれば，それだけアボートによりロールバックされる確率が高くなり，スループットが低下します．

第5章

関係データベースの内部構造

索引付きランダムファイル編成／B木／B^{+}木／転置編成／
ハッシュ法／テーブルの格納／システムカタログ／
メタデータベース／索引付き順次編成ファイル／テーブル管理／
カラム管理／テーブル操作

関係データベースの操作の中心的な課題は，テーブル本体にあるデータをいかに速く検索できるかにあり，そのためのポイントがテーブルのカラムに付与される索引（インデックス）です．この章では，代表的な索引の構成について紹介したあと，関係データベースのテーブルの操作や管理など関係データベースの内部構造について説明します．

利用者から見た関係データベースの視点は実テーブルやビューテーブルであり，これらが計算機内部でどのように表現され取り扱われるかは，データの独立性（p.12）のおかげで一般的には知る必要はありません．しかしデータベース管理者やシステム設計者にとって，これらの視点はデータベースの処理効率を向上させるためにも重要

図5.1　索引付きランダムファイル編成

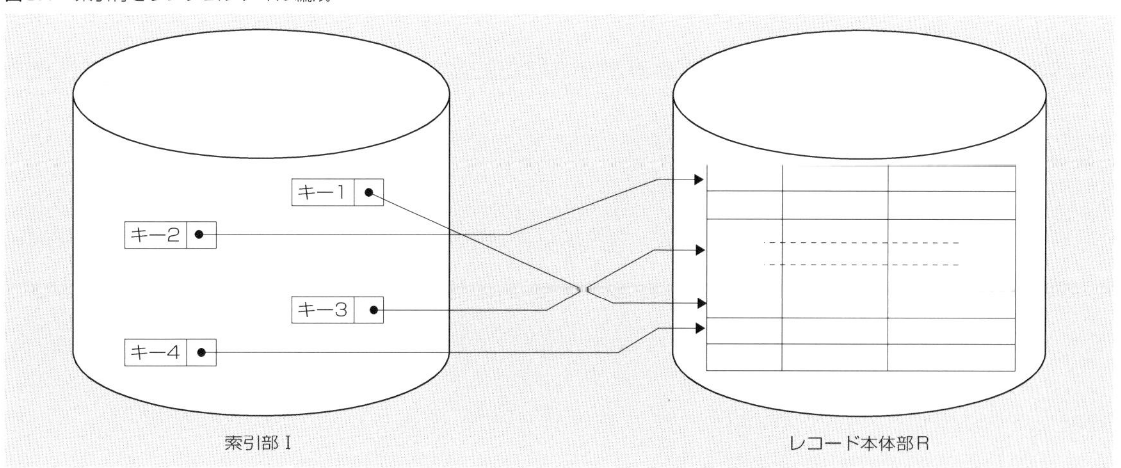

になります．

関係データベースのテーブル操作の多くはキーとなるカラムを中心として行われます．したがって，いかにして迅速に指定されたキーを持つレコードを検索するかということが中心的な課題になります．通常，キーの各値に対して，その値を持つレコードを高速にアクセスするための索引（インデックス）がレコード本体とは別個に作成されます．索引はキーの値とそれに対応するレコード本体へのポインタの対と考えられます．このようなファイル編成の方法を索引付きランダムファイル編成（**図5.1**）といいます．

5.1 索引ファイル

索引付きランダムファイル編成は一般に**図5.1**のように索引部 I とレコード本体部 R に分かれています．索引は R 中のレコードr_iを一意的に識別するためのキー k_iと k_i によって識別されるレコードの二次記憶装置上の番地 a_i の対（k_i , a_i）の集合です．したがって，n 個のレコードからなるファイルの索引部は

$$I = \{ (k_i, a_i) \mid 1 \leqq i \leqq n \}$$

なる集合として与えられます．通常キー k_i（$1 \leqq i \leqq n$）はたとえばアルファベット順のようなそれ自身のデータ型にしたがった順序を持っています．索引付きランダムファイル編成の本質的な問題は，任意のキー k_i に対してそれに関連しているレコードr_iをいかにして迅速に取り出せるかということです．つまり，索引部 I をいかに上手に構造化して，k_i に対する a_i を高速に検索できるかということに依存しているわけです．

また，他の重要な問題として，I の構造化のために必要な記憶領域の大きさの割合や，データの動的な変動に対する I や R の保守の容易さがあります．B木はこのような意味での I のよりよい構造化のための一つの方法です．索引部 I とレコード本体部 R は物理的に同一のファイルに格納されることもありますし，別個のファイルとして管理されることもあります．

一方，索引付きランダムファイル編成に対する操作はつぎのように考えることができます．

(a) レコードr_iの検索

与えられたk_iより a_i を引き当てr_i を取り出す．

(b) レコードr_i の挿入

与えられた k_i がすでに I に登録されていないことを確認してr_iをRに加え，さらに（k_i, a_i）を I に加える．

(c) レコードr_iの削除

与えられたk_iよりr_iを検索してr_iをRから取り除くと共に，(k_i, a_i)をIから取り除く．

索引付きランダム編成ファイルのキーによるランダム処理機能に加えて，キーの値順に処理するような順次処理機能を付加したものが**索引付き順次ファイル編成**です．

(d) キーに関する順次処理

キーk_iに対するレコードr_iを検索し処理した後，キーk_{i+1}に対するレコードr_{i+1}を検索し処理する．

5.2 B木

1970年にR.Bayer等によって提案されたB木は非常に画期的な索引付き**ランダムファイル編成法**です．従来の索引付きファイル編成の静的なインデックス付けに対して，動的なインデックス保守手法を導入し，どんなにデータが変動してもまずまずの操作速度とファイル領域の利用率を保証しています[21]．動的で柔軟な操作を必要とする関係データベース・システムの場合，B木のこれらの特性はまさにうってつけのものといえ，短期間のうちに多くの計算機システムにおいて採用されてきました．

B木の例を**図5.2**に示しておきます．位数dのB木とは，つぎの条件を満足する木構造です．

(a) 根の節を除いて，各節はd個以上かつ2d個以下のキーを含む．根の節は1個以上のキーを含む．

(b) 各節は，葉の節であり，したがって子を持たないか，あるいはp+1個の子の節を持つ（pはその節中のキーの数で$d \leqq p \leqq 2d$）．

図5.2 位数2のB木

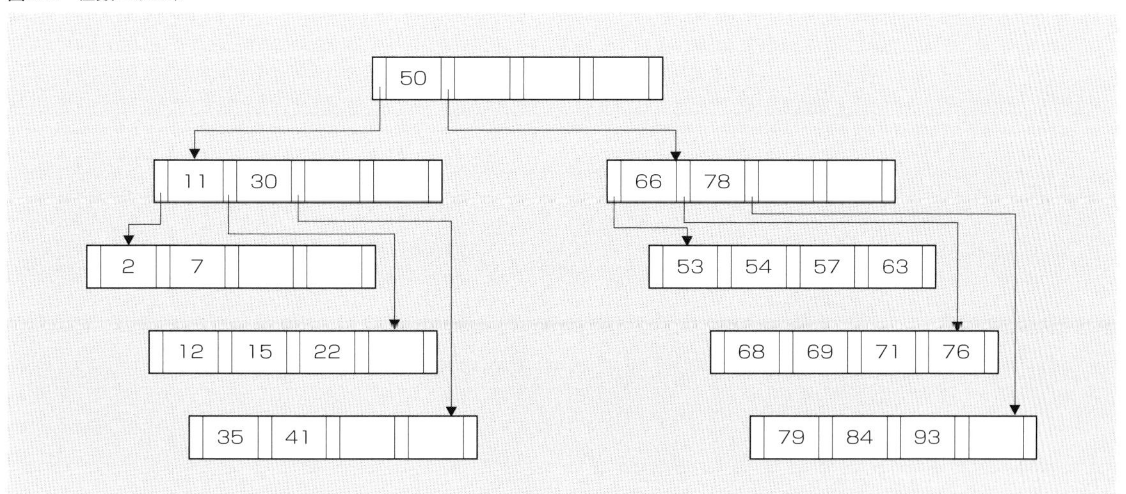

図5.3　2d個のキーと2d+1個のポインタを持つ位数dのB木

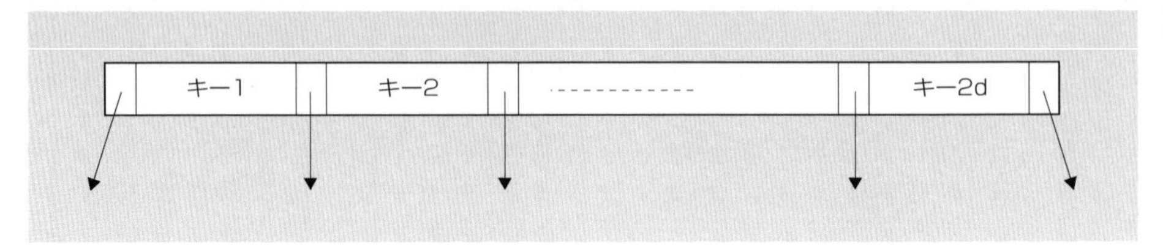

(c) 葉の節はすべて同一レベルに現れる．

節の大きさの物理的な意味はディスクと主記憶との間での1回の転送単位の大きさと考えられ，これはディスクの1ページに相当します．(a) の条件によりキーの記憶効率はつねに 50% 以上（平均75%）であることが保証されています．また (b) により各節の形式は**図5.3**のようになります．節中のキーはその大きさの順に並んでおり，節の中では順次探索を基本とします．**図5.2**や**図5.3**では示されていませんが，実際には各々のキーに付随してそのキーの値をもつデータレコードの番地が格納されています．また，**図5.3**に見るようにキーiの左側のポインタは左側の部分木を指示しており，部分木中のキーの値はすべてキーiの値より小さくなっています．同様に，右側

図5.4　不均衡木と均衡木

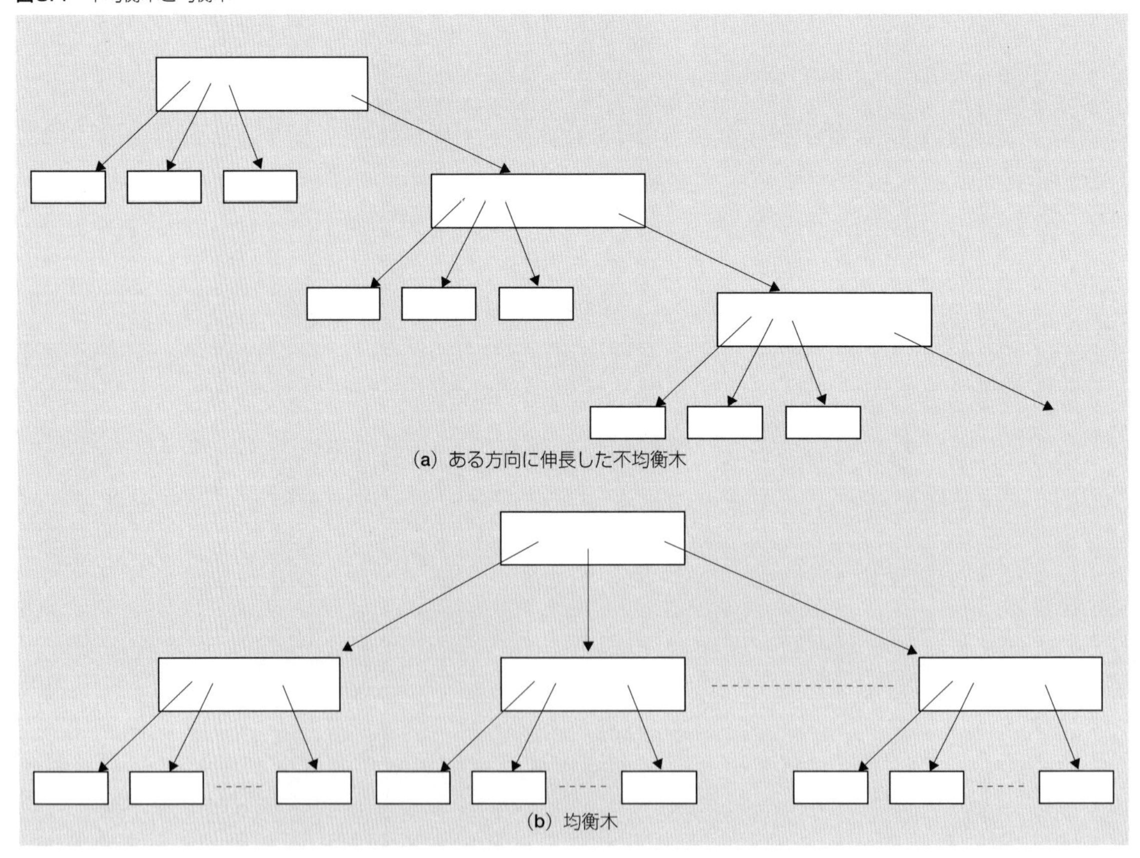

図5.5 n個のキーを格納する位数dのB木の輪郭

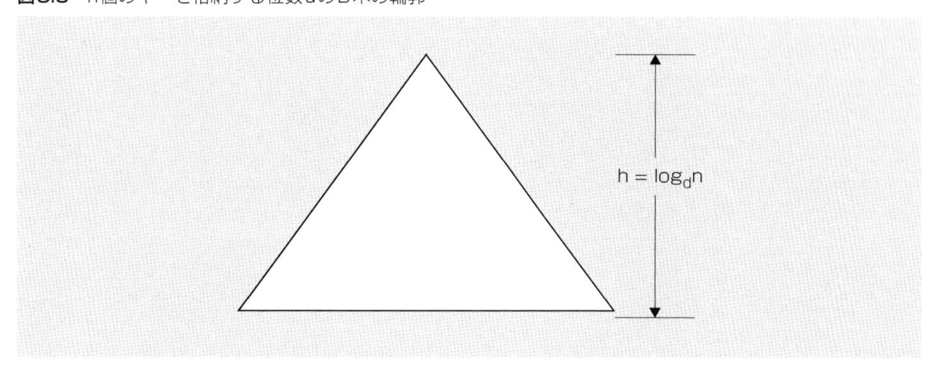

の部分木中のキーの値はすべてキーiの値より大きくなっています．つまり，B木は指定されたキーについてそれに付随するデータレコードをランダムにアクセスするための探索木を形成しているわけです．

B木の要点は，木をつねに均衡させたまま，すなわち完全木の形に近いままキーの挿入や削除が行われることです．この均衡化は（c）により保証されています．単純なn分探索木の場合，キーが登録される時間的順序によっては**図5.4（a）**のようにある方向に極端に伸長する場合があります．このときには探索路が長くなりディスクアクセスの回数が多くなります．これに対して位数dでn個のキーを保持するB木の場合には，任意のキーに対する探索路長は**図5.5**に示すように $\log_d n$ 以内であることが保証されています．

B木に対するキーの挿入や削除の操作はエレガントに行われます．**図5.6**に新たなキーの挿入によるB木の成長の様子を示します．図の（**a**）は**図5.2**のB木に対してキー61を挿入直後の状態を示します．キー61の挿入場所は53から始まるノードですが，このノードはすでに満杯であり，ノードのオーバフローを引き起こします．そこで，61も含めて，53，54，57，61，63の中央値57を親のノードに格上げします．さらに，ノード一つ分を新たに動的に確保して，そこに53，54を格納します．また，元のノードには61，63を置いておきます．

図の（**b**）は（**a**）に対してさらにキー70，80の順に挿入した直後の状態を表します．70の挿入では同様に当該ノードがオーバフローを引き起こすので，中央値である70を親ノードに格納した後，新たなノードをシステムから確保して，キーを振り分けます．80の挿入では当該ノードが一つ空いているので，そのまま挿入できます．

さらに，図の（**c**）は（**b**）に対して，キー90を挿入した後の状態です．90を格納すべきノードはすでに満杯なので，同様に中央値84の格上げとキーの再配分が起こります．しかし，84の格上げ先のノードもすでに満杯なので同じように中央値70の格上げとキーの再配分が起こります．このように，キーの親ノードへの格上げと再配分が上位ノードに伝搬することがあります．B木がその高さを増やすのはこのような

図5.6　B木の成長（次ページへつづく）

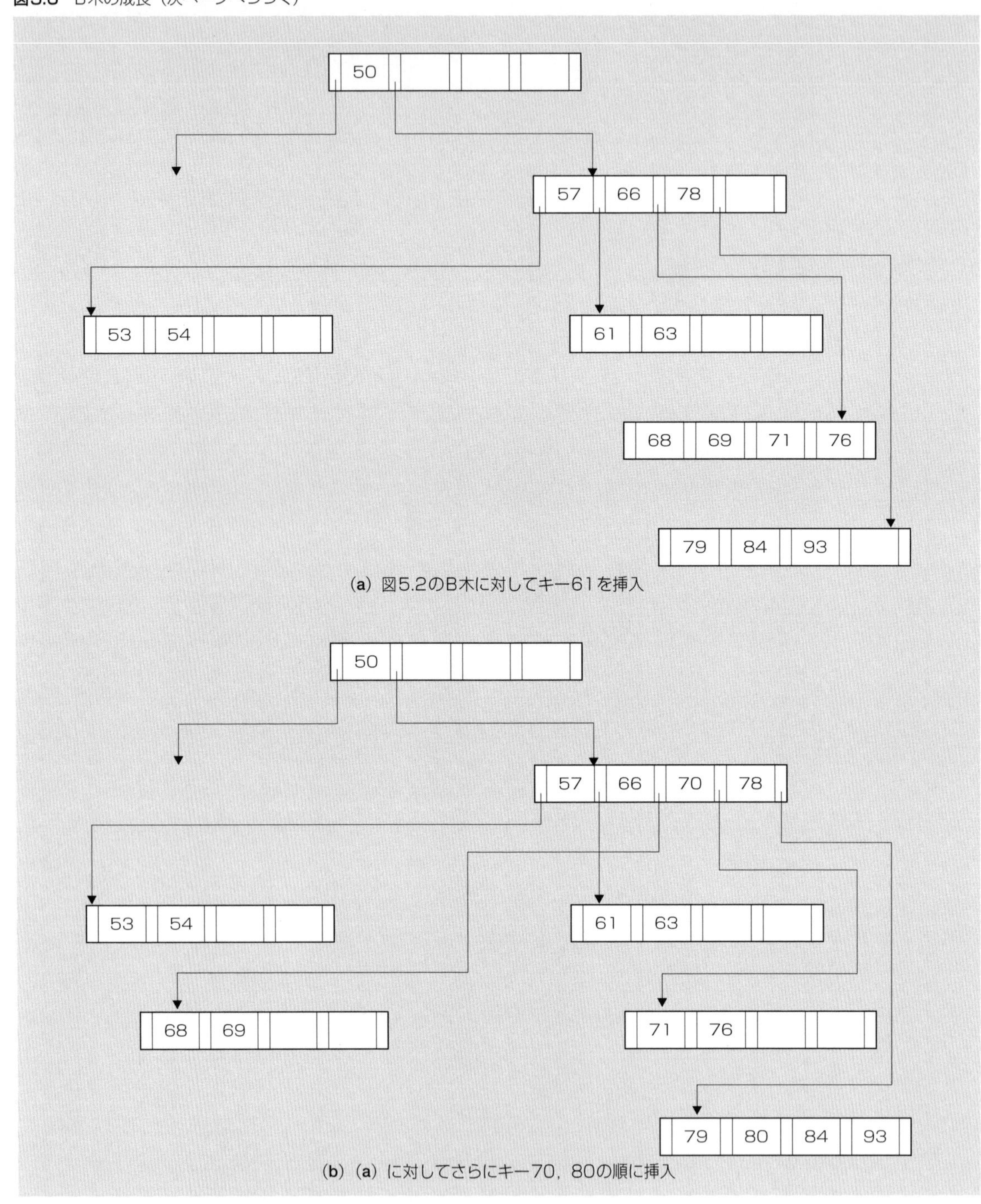

（**a**）図5.2のB木に対してキー61を挿入

（**b**）（**a**）に対してさらにキー70，80の順に挿入

格上げと再配分が木の根にまで及んだときです．

B木からのキーの削除は挿入よりも若干複雑です．削除の様子を**図5.7**に示します．図の（**a**）は**図5.2**のB木に対してキー7を削除した後の状態です．7を削除しようとすれば，ノードのキーの数は位数2以下になります（アンダーフロー）．そこで隣の

図5.6　B木の成長（つづき）

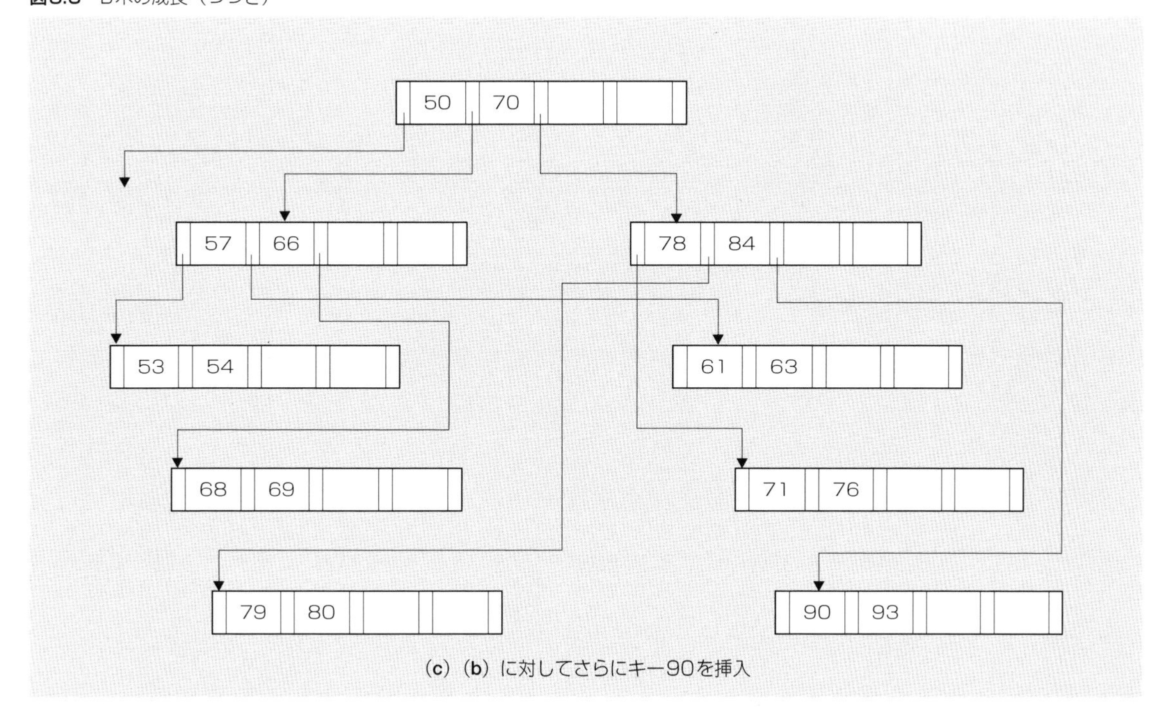

（c）（b）に対してさらにキー90を挿入

図5.7　B木からのキーの削除（次ページへつづく）

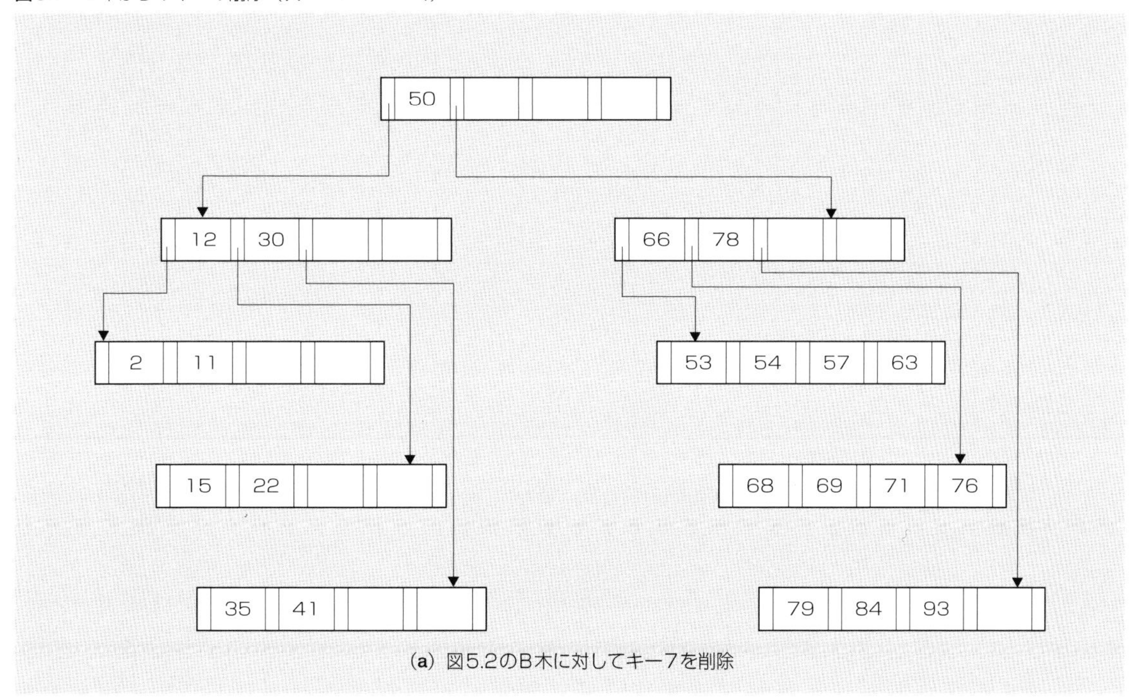

（a）図5.2のB木に対してキー7を削除

ノードのキーおよび親ノードの分離キー値11を合わせた2，11，12，15，22を再配分して，中央値11を親ノードに格上げして，残りを二つのノードに再配分します．

図5.7 B木からのキーの削除（つづき）

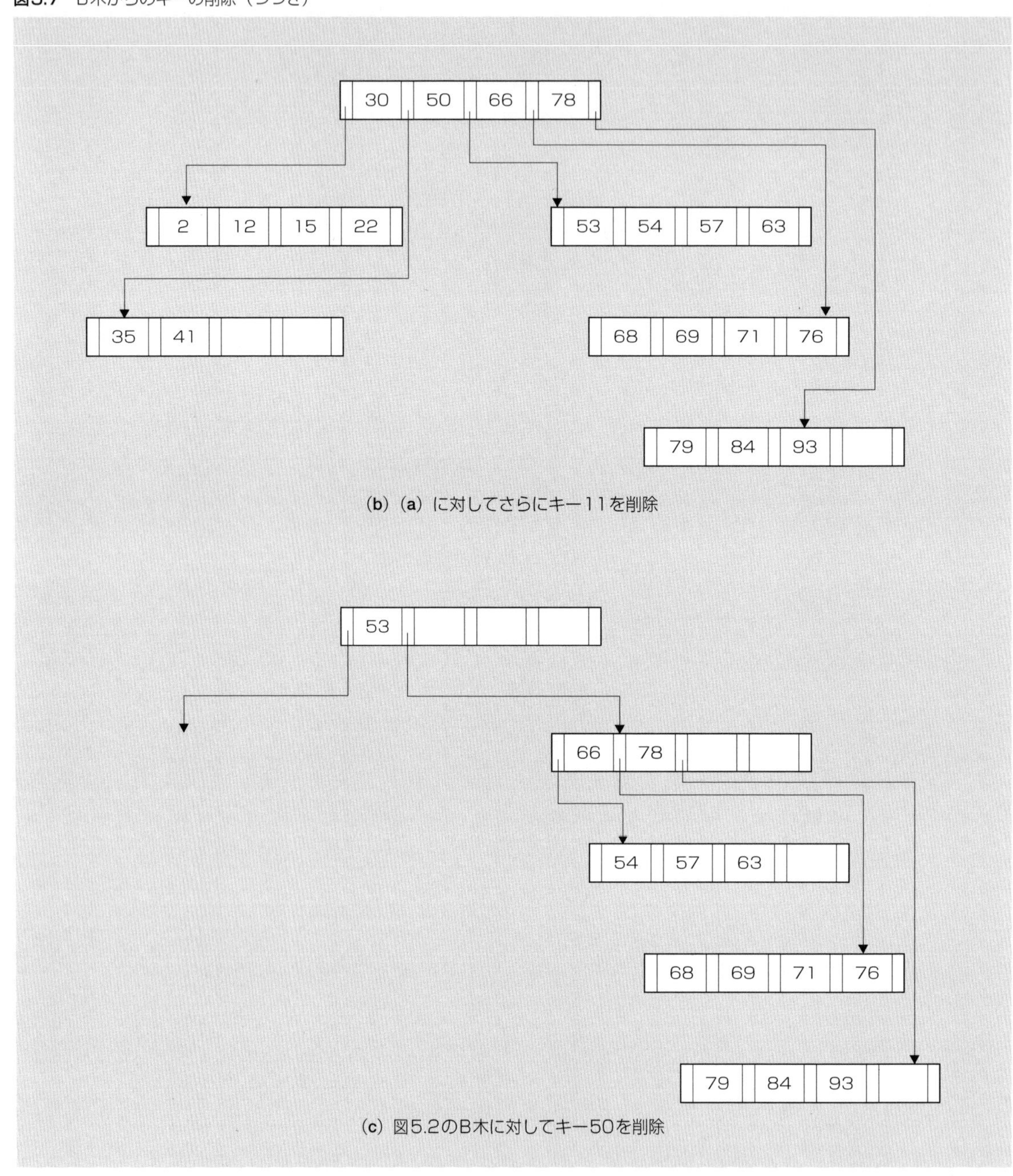

(**b**)(**a**)に対してさらにキー11を削除

(**c**) 図5.2のB木に対してキー50を削除

図の（**b**）は（**a**）に対してさらにキー11を削除した後です．11を削除する場合には，先の7の削除のように隣のノードとの再配分は不可能です．この場合には，隣のノードおよび親ノード中の分離キー値12との併合が起こり，2，12，15，22が元の2，11のノードに格納され，元の15，22のノードはシステムに返却されます．ところが，12の子ノードへの格下げの際に，親ノードのキー数は位数以下になり，アンダーフローを引き起こします．そこで，親ノードの隣の66，78のノードおよび根ノードの

53との併合が起こり，30，50，66，78が元の親ノードに格納され，その隣のノードおよび根ノードはシステムに返却されます．このように，ノードの併合は上位ノードに伝搬することがあり，根ノードにまでおよんだとき，木の高さが減少します．

（c）は**図5.2**のB木に対して葉ノードではない内部ノードに存在するキー50を削除した後です．この場合には，50の次順のキー値がサーチされます．これには50の右側のポインタをたどり，その後，最左のポインタを葉ノードに至るまで順次たどり，その最初のキー53がキー50に取って替わります．次順のキーの削除により，アンダーフローが起こったときには，（a）や（b）のときのアルゴリズムが再帰的に適用されます．

以上見てきたように，B木はキーの挿入・削除によるデータ量の動的な変動により，成長と縮小の過程を繰り返すわけですが，いつの時点でもB木としての好ましい性質（a）（b）（c）を保ったままであることに注意してください．したがって，他の構造化の方法によくあるように定期的に索引を再編成（reorganization）するといった保守の手間は基本的には必要ありません．これも有利な点です．

5.3 B⁺木

このように見てくるとB木はいいことずくめのように思えますが，難点が一つあります．キーの値順による順次処理には不向きな点です．B木による順次処理では木中のノードをポインタにより行きつ戻りつしながら次順のキーを探索する必要があり，時間的なコストがかかります．B木の特性である**キー値へのランダムアクセスと挿入や削除の高速性を保証しながら，それを順次処理にも適するように改良したのがB⁺木**です．キー値に関するランダム処理と順次処理の双方に有効なファイル編成法は，5.1節でもふれたように一般に索引付き順次ファイル編成と呼ばれています．

B⁺木は基本的にはB木と同様で先ほど示したB木の条件（a）（b）（c）を満足しています．B⁺木の例を**図5.8**に示します．これは位数2のB⁺木です．B⁺木ではキーの値とそれに付随するデータレコードの番地はB木とは異なり，すべて葉の節に格納されます．葉の節は，**図5.8**に示すようにポインタでリンクされていて単純リストになっています．このリストはシーケンスセットと呼ばれます．B木の性質より，シーケンスセット中のキーは値の順に並んでいることが保証されており，したがって順次処理に対しても優れた適応性を発揮します．探索部はB木と同様ですがデータレコードの番地は不用です．シーケンスセット中にあれば十分だからです．キーの挿入はキーの値を分離値として役立たせるために探索部にも挿入されます（**図5.9**）．またキーの削除については，シーケンスセットからは除去されますが，探索部からはある一定の条件が整うまでそのまま分離値として置いておかれます．探索部は，シーケンスセット中のキーに対してランダムにアクセスするための道路地図のような役割をはたします．

図5.8　B⁺索引付き順次編成ファイル

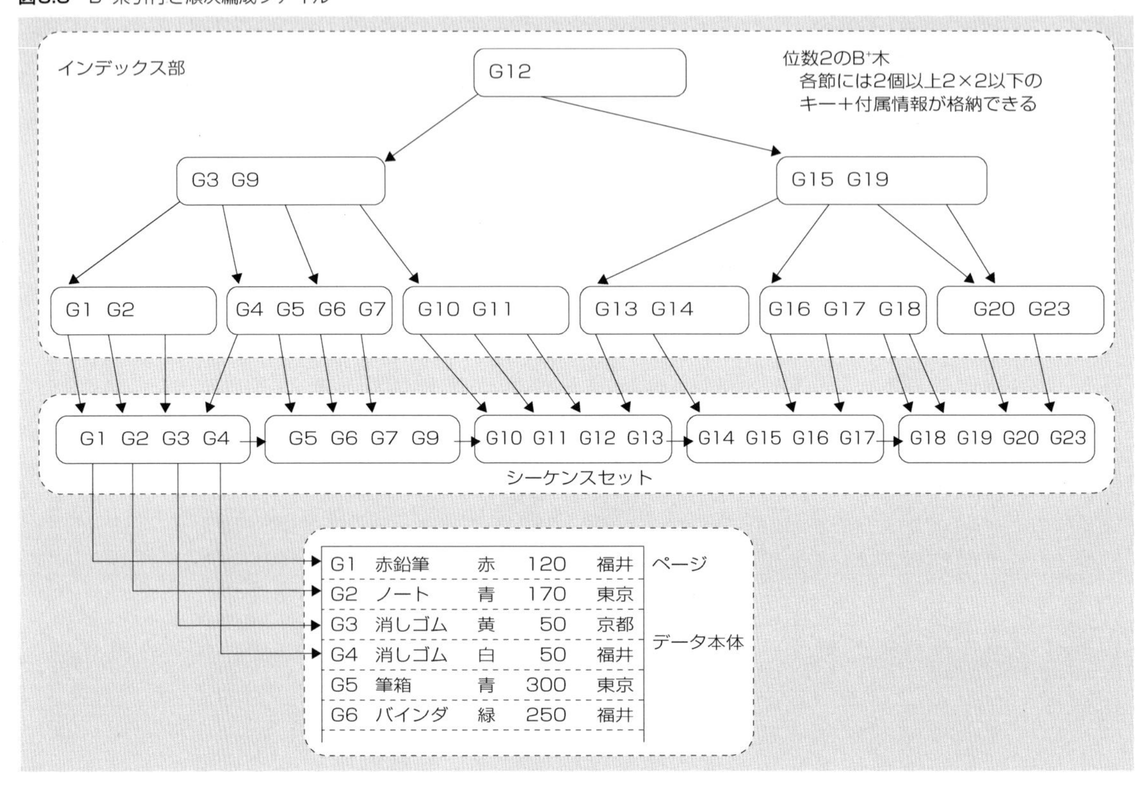

図5.9　B⁺木に対するキーの挿入

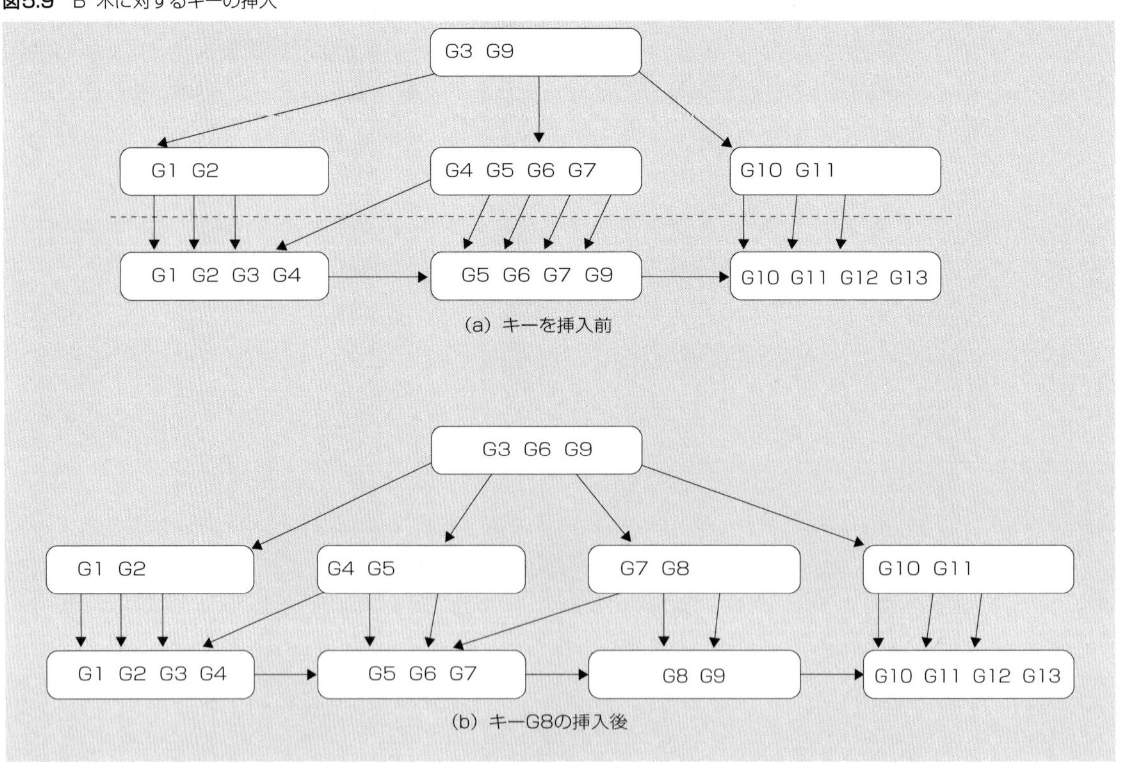

5.4 転置編成

B木やB$^+$木は基本的にはキー値k_iに対して，対応するレコードの番地a_iが一意に定まる場合，すなわち，キーが当該テーブルの主キーであるときに用いられます．テーブルTのあるカラムが別のテーブルT'の外部キーであるとき（2.1.2節参照），外部キー値に対応するレコードは複数個あり得ます．したがって，キー値k_iに対して，対応するレコードの番地a_iは複数個あります．

転置編成とは，キーの各値について，そのキーの値を持つレコードへのポインタ（番地）をすべて並べる編成法です．外部キー（p.28）に対してこの編成法が採用されることが多いといえます．テーブルTの二つのカラム，c1とc2に対してこのような転置編成による二つの索引が用意されているとして，c1のキー値k_iに対応するレコードへのポインタ集合を

$$A1=\{a1_1,a1_2,......,a1_m\}$$

c2のキー値k2に対応するレコードへのポインタ集合を

$$A2=\{a2_1,a2_2,......,a2_n\}$$

とすると，たとえば，つぎの二つの複合検索条件，

(c1 = k1) and (c2 = k2),　　(c1 = k1) or (c2 = k2)

を含む問い合わせに対しては，それぞれ，集合積$A1 \cap A2$，集合和$A1 \cup A2$により該当レコードへのポインタ集合を計算することによって，簡単に検索することができます．

転置編成のためのキー集合の構造化として，やはりB$^+$木を用いることができるほか，次節のハッシングによる編成法を用いることができます．B$^+$木を用いる場合には**図5.10**に示すように，キー値kiに対応するレコードへのポインタ集合，$A=\{a_1,a_2,......,a_p\}$は単純リストにつながれます．

シーケンスセットのポインタ部にはAの単純リストへのポインタを含ませます．また，単純リストには同じキー値を含むレコード本体へのポインタが格納されます．

図5.10　B⁺木による転置編成

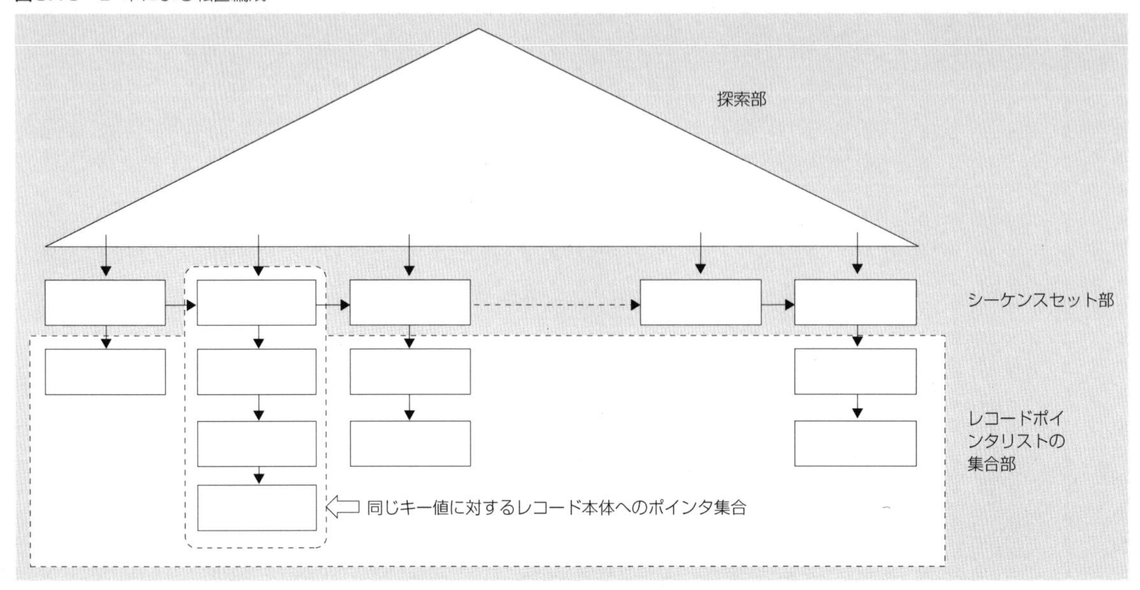

5.5　ハッシュ法

ハッシュ法とはキー値の集合を定義域として，関数hにより，（キー値，レコードへのポインタ）の対，すなわち索引要素が格納されている番地を求める方法です．ここで，関数hはハッシュ関数と呼ばれ（**図5.11**），（キー値，レコードへのポインタ）の集合はとくに**ハッシュ表**と呼ばれます．たとえば，全国の都道府県名（1都1道2府43県）の文字列をキー値集合として，ハッシュ関数hを“文字列中のASCIIコードの和を47で割った剰余”と定めます．たとえば，

```
h("HOKKAIDO") = 22, h("TOKYO") = 30
```

となります．ところが，このようなハッシュ関数の計算では，h(k1) = h(k2) となる

図5.11　ハッシュ関数

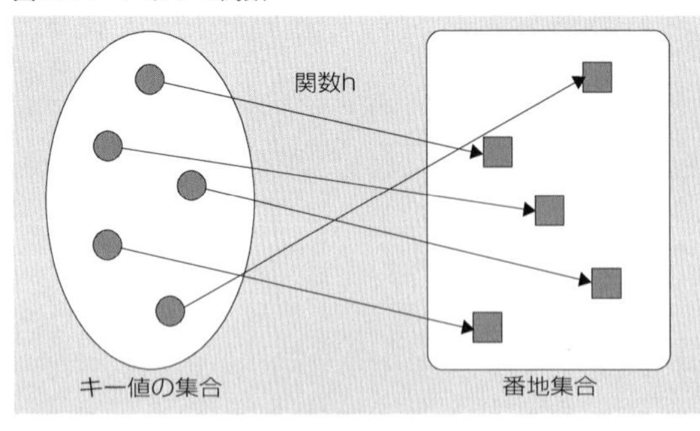

図5.12　キーのかち合い

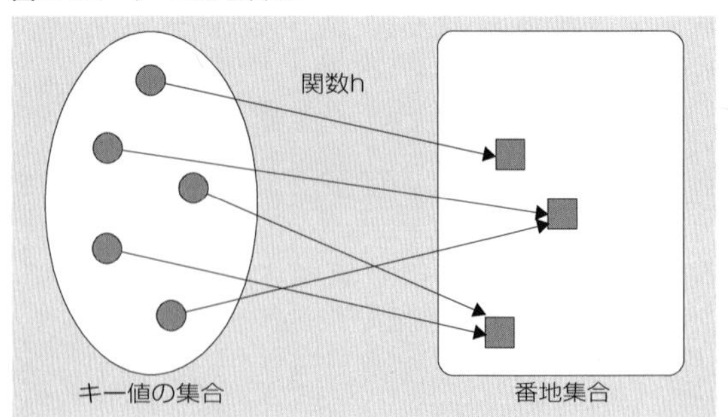

図5.13　オープンハッシュ法

図5.14　チェイニング法

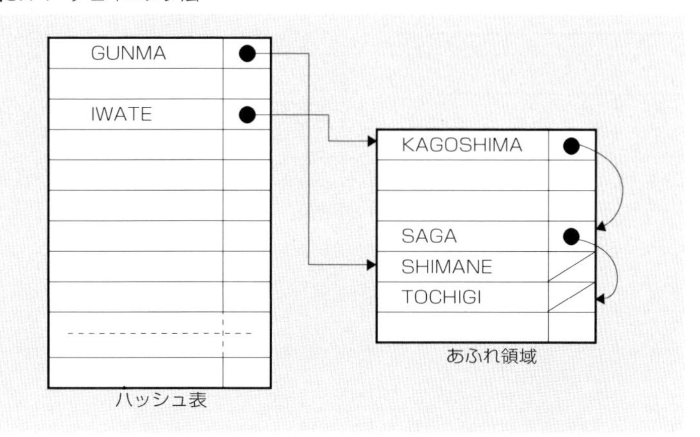

ような異なる二つのキー値k1, k2が存在し得ます（**図5.12**）．このことをハッシュ関数のかち合いといいます．たとえば，

```
h("IWATE") = h("TOCHIGI") = h("SAGA") = h("KAGOSHIMA") = 2,
h("GUNMA") = h("SHIMANE") = 0
```

となります．

ハッシュ関数のかち合いに対処するためには，おもにつぎの二つの方法があります．

5.5.1　オープンハッシュ法

かち合いを起こした番地からはじめて，ハッシュ表を逐次サーチしてつぎの空きスロットを求めて,そこに（キー値，レコードへのポインタ）を格納する方法です（**図5.13**）．キー値の検索はハッシュ関数値を求めて，そこに存在しているキーと比較して，一致していなければ，順次，つぎのキーと比較します．もし，途中で空きスロットが見つからなければ，求めるキー値が存在しないことになります．ハッシュ表の最終位置まで調べても，一致するキーが見つからなければ，ハッシュ表の先頭から同様に比較していきます．

5.5.2　チェイニング法

かち合いを起こした番地のスロットからあふれ領域にポインタでつないで,そこに,（キー値，レコードへのポインタ）を格納する方法です（**図5.14**）．かち合いを起こしているキー値はあふれ領域におかれ，単純リスト（かち合いリストという）でつながっています．キー値の検索はハッシュ関数値を求めて，そこに存在しているキーと比較して，一致していなければ，あふれ領域中のかち合いリストを順次探索します．

ハッシュ関数のかち合いが多くなれば，オープンハッシュ法にしろ，チェイニング法にしろ，好ましくありません．ディスクアクセスを伴う逐次探索を必要とするためにキーの検索速度が低下するからです．

ハッシュ関数の計算そのものはディスクアクセスを伴わないために高速です．したがって，ハッシュ法の利点はかち合いが少ないときには検索速度が高速であることです．かち合いの可能性を減少させるためには，①ハッシュ関数を工夫する，②ハッシュ表のサイズを大きくする，などの方法が考えられます．一方，ハッシュ法の欠点は，ハッシュ表が一杯になったり，あるいは，キー値の登録が過多になったりして，かち合いが頻繁に起きるときには，より大きなハッシュ表を確保して，その表のサイズに適合する新たなハッシュ関数により，再編成することが必要です．このための時間・空間コストは非常に大きくなります．B^+木の場合には，再編成なしに動的にサイズを拡張できます．ただし，動的にサイズ拡張が可能なハッシュの方法として，動的ハッシュの方法が考案されています[13]．

5.6 データベース・ファイルとテーブルの格納

データベースはテーブルの集まりです．テーブルは，その中のキーカラムに対応する索引（インデックス）群とデータレコード群により構成されます．テーブルデータの物理的な格納容器はシステムによってまちまちであり，それぞれ利害得失を有しています（**図5.15**）．

(a) テーブル中のインデックスを格納するファイルとデータレコードを格納するファイルを別個に，しかもテーブルごとに持っています．これらのファイルは当該OSのファイル・システムの管理下にあります．

(b) マイクロソフトのAccessやUniSQL[11] などのシステムではデータベース中のすべてのテーブルやインデックスは単一のOSファイルに格納されます．

(c) 文献[14]における分散データベース・システムD-SQL（Distributed SQL）では (a)(b) の折衷であり，データベース中のすべてのテーブルデータ本体は単一のOSファイルに，また，テーブルに付与されるインデックスはすべてテーブルデータ本体のファイルとは別個の単一のOSファイルに格納されます．

(a) の場合，テーブルの所在管理は OS のファイル管理システムにある程度任せることができ，その分，データベース管理システムの負担は軽くなります．しかしテーブルはあちこちに散逸することもあり得，しかも OS のファイルシステムのディレクトリに記されるために，そのデータベース・ユーザでない一般のユーザによって，消去されたり改ざんされたりする危険性が大きいといえます．すなわち，データベースとしての一貫性を損ないやすいといえます．

(b) の場合には，逆にテーブルやインデックスの所在管理とアクセスはデータベ

図5.15　テーブルの格納

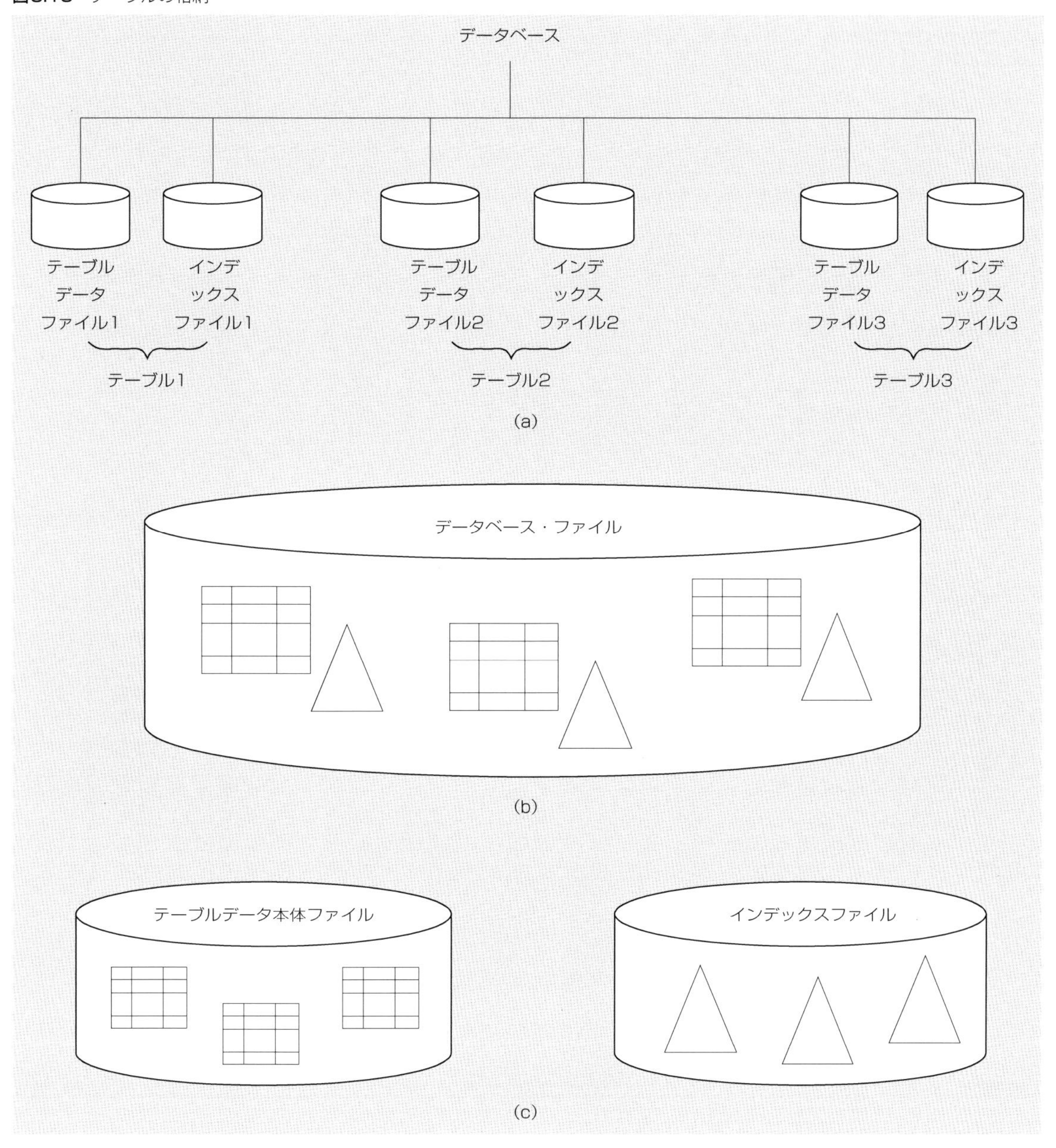

ース管理システムが行う必要があるのでその負担は重くなりますが，テーブル群を集中管理するためにテーブルアクセスの最適化が行いやすくなります．また，単一ファイルで管理されるため，散逸の危険性はなく一貫性を維持しやすくなります．しかし，削除されたレコードを効率よく再利用しないかぎり，データベース・ファイルにゴミがたまります．したがって，データベースの再編成作業を頻繁に行う必要があり，そのオーバヘッドが過大になります．

5.7 システムカタログ，メタデータベース

システムカタログはデータベース内の各テーブルのカラムやキーなどの論理的な情報とそれらの物理的表現の情報（索引情報やレコード本体領域の情報など）の対応を管理しており，内部スキーマ（p.18）そのものといえます．また，DBMS は一般には複数のデータベースを管理しているので，**個々のデータベースそのものを管理するための情報**（データベースのディレクトリ）が必要です．これらの情報は**メタデータベース**と呼ばれることがあります（**図5.16**）．

データベース・システムの管理の基本的な対象はテーブルのカラムです．したがって，場合によっては数千にもおよぶようなカラムを，いかにしてわかりやすく効率的に管理するかということが設計上の大きな問題となります．

ユーザの要求にもとづいて，新たなカラムの登録や削除は頻繁に起こります．すなわち，カラムの管理構造は基本的に動的なものでなければなりません．たとえば文献[14]（p.186）のD-SQLでは，このためにB^+木を使用しています．

システムカタログでは，ユーザがアプリケーションで定義する SQL のテーブル（ユーザテーブルと呼ぶことにする）とまったく同じ構造を持つ SQL テーブルでカラムの属性や関連情報を管理する場合が多くあります．カラム情報を SQL テーブルそのもので管理することで得られる利点にはつぎのようなものがあります．

図5.16　メタデータベースとシステムカタログ

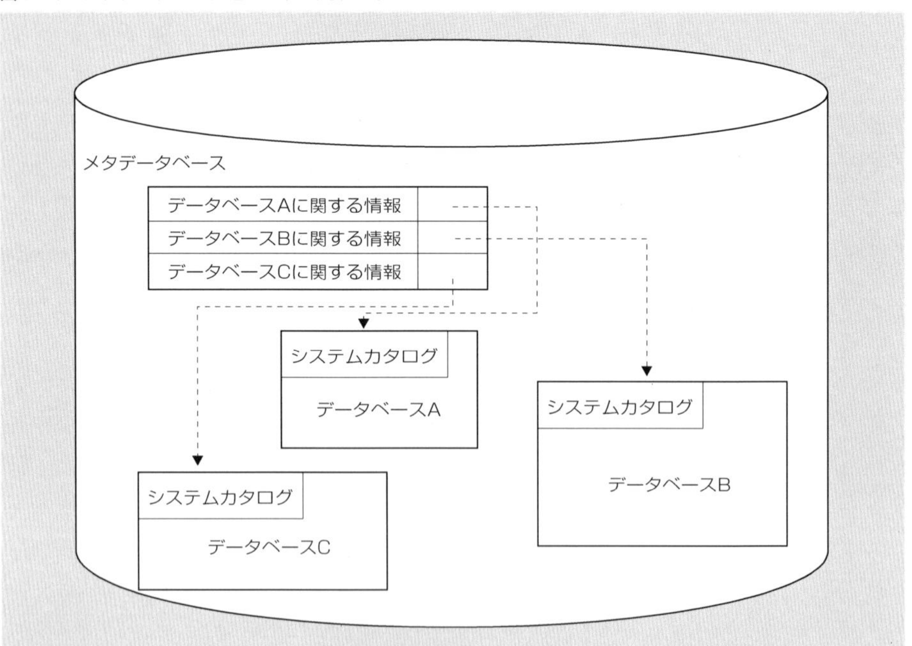

(1) ユーザはシステムカタログに対して，SQL の SELECT コマンドを使用して，カラム定義情報やテーブル定義情報を知ることができます．したがって，いままで例に示してきたように，SELECT コマンドの多彩な検索機能を利用して，種々の角度からデータベース情報を知ることができます．
(2) データベース管理のプログラムそのものがわかりやすくなります．システムカタログを操作するのに SELECT, INSERT, DELETE などのユーザテーブルを操作するための SQL コマンドを支援するルーチンの大部分が共用できるからです．
(3) カラムやテーブルについて，新たな定義情報や新たな管理情報を付加することが容易です．

メタデータベースやシステムカタログの実装の方法は個々のDBMSのポリシーによって大きく異なります．たとえばD-SQLでは5.6節で述べたように，データベースはOSのファイルディレクトリ上の二つのファイル（テーブルデータ本体ファイルとインデックスファイル）に格納されます．複数のデータベースが存在してもそれらのためのメタデータベースをとくに確保せず，ファイルシステムのディレクトリに委ねています．D-SQLにおけるシステムカタログについては，2.3節ですでに述べました．ここでは，以下にシステムカタログ・テーブルの定義文を示しておきます．

```
CREATE TABLE SYS(                                  -- SYS: システムテーブルの名前
       uname     char(20) not null unique, -- テーブルを定義したユーザ名
       tname     char(20) not null,        -- テーブル名（論理名）
       cname     char(20) not null,        -- カラム名
       type      char(10) not null,        -- カラムのデータ型
       idx       char(10) not null,        -- カラムに付与されるインデックスの種類
       offset    long     not null unique, -- 構造体 COL へのポインタ
       hname     char(20) not null unique, -- データベースが格納されるホストマシン名
       dbname    char(100) not null,       -- データベースが格納されるファイルのパス名
       ptname    char(20) not null         -- テーブル名（物理名）
);
```

構造体 COL はカラムの詳細情報を定義する構造体です（次節で述べます）．高速検索のためにすべてのカラムについてインデックスが付与されています．テーブル名が論理名（tname）と物理名（ptname）の二つあること，および，hname, dbname はD-SQLが分散DBMSであることによります．

5.8 B⁺木による索引付き順次編成ファイルの実現

文献[14]では**5.3**節で述べたB⁺木による索引付き順次編成ファイルとその操作機能のパッケージ（ライブラリ）を UNIX OS のファイルシステム上に実現しています．同じ値を持つキーについての情報は**図5.10**のようにキーの値毎に単純リスト（以下，same key list と呼ぶ）でつながれています．ここではインデックス部とデータレコード本体部は別個のファイルとして扱われます．

5.8.1　索引ファイルの構造

インデックス部とデータレコード本体部は UNIX ファイルシステム上のファイルとして扱われ，それぞれ拡張子 .idx と .dat が付きます．

.idx ファイルではB⁺木を複数個格納できます．すなわち同一の .dat ファイルに対して，複数のインデックス付けを動的に行うことができます．各インデックス付けの情報は HEAD 構造体で表され，.idx ファイルの先頭の固定領域を占めています． TREE はメモリ上の構造体であり，HEAD で与えられる情報の他に順次処理において現在の処理の対象になっているキーの情報を格納します．

5.8.2　構造体 HEAD と TREE

構造体 HEAD はB⁺木に関する静的な情報を主に格納します． name はB⁺木の名前すなわち索引名を表します． dup は同じ値を持つキー（**図5.10**）を許すか否かのフラグであり，ordはB⁺木の位数を表します．また，type はキーの型を表します．利用可能な型は7種類です．とくにキーの型が文字列型であるときにはlengは文字列の長さ，すなわちキー長を表します．size は1ページのサイズを表しますが，ページは**図5.3**で示したB⁺木の節のメモリ上の表現です．root, first, last はそれぞれB⁺の根へのポインタ，シーケンスセット部の最初のページ，最後のページへのポインタを表します．

削除されたページは自由リストにつながれ再利用されますが，del[2] はその自由リストの先頭のポインタを格納します．二つあるのは**図5.10**において，B⁺木の探索部またはシーケンスセット部にあるのか，それとsame key listにあるかによってページの長さが異なるからです．

構造体 TREE はB⁺木に関する主に動的な情報を格納します． fp はインデックスファイル，すなわち .idx ファイルのファイルポインタです．hdによりHEADの情報を参照できるようにします．page は現在シーケンスセットのどのページが順次アクセスの対象になっているかを示し，item はそのページの中のどのキーが現在の処理対象であるかを示します．これはページの先頭からのオフセットです．list はsame key listの中のどのキーが現在の処理対象になっているのかを示します．head は .idx ファイルの先頭を占める複数の構造体 HEAD のどれが当該B⁺木のためのものであるのかを示します．構造体 PGTBL はページ中の各項目のオフセット情報を保持しますが，このオフセット情報により各項目に迅速にアクセスすることが可能です．

```
typedef struct {                構造体 HEAD
        char   name[11];        B+木名（インデックス名）
        short  dup,             重複キーを許すかどうか
               ord,             B+木の位数
               type,            キーの型
               leng;            キー長（キーの型が文字列のとき）
        long   size,            ページサイズ
               del[2],          ページまたは same key list のリスト要素の自由リストへのポインタ

               root,            根ページへのポインタ
               first,           シーケンスセットの最初のページへのポインタ
               last;            シーケンスセットの最後のページへのポインタ
} HEAD;

typedef struct {                構造体 TREE
        FILE   *fp;             .idx ファイルのファイルポインタ
        HEAD   hd;              HEAD 構造体（ヘッダー）へのポインタ
        PGTBL  pgt;             page table へのポインタ
        long   page,            current page へのポインタ
               list;            current same key list 要素へのポインタ
        short  item,            current item number in current page
               head;            ヘッダー番号
} TREE;
```

5.9 テーブルおよびカラムの管理

テーブルやそのカラムをDBMS内部でどのように管理するかについても，DBMSのポリシーによって，大きく異なります．ここでもやはりD-SQLにおいて，採用されている方法を紹介します．5.7節で述べたようにユーザテーブルもシステムカタログのテーブルもほぼ同じような方法で実現され管理されます．

5.9.1 テーブル情報の管理

テーブル情報は構造体 TBL によって，またテーブル中のカラム情報は構造体 COL

によって管理されます．これらの構造体はテーブル操作時に，テーブルにコネクトしたときに，メモリ上に作成されます．

(a) 構造体 TBL

```
typedef struct {
        COL      col[];     カラム情報の配列へのポインタ
        LCOL     lcol[];    操作対象となるカラム情報へのポインタ
        THEAD    thd;       物理レコード情報
        LHEAD    lhd;       論理レコード情報
} TBL;      テーブル情報の構造体
```

構造体 COL はテーブルのカラム一つについて一つ確保され，そのカラムの情報を集約して管理します．col は，テーブルに含まれる全てのカラムの情報，すなわち構造体 COL の配列へのポインタです．

構造体 THEAD は実際にテーブルのデータファイルに格納されるデータレコード（以下物理レコードという）に関する情報を格納します．構造体 LHEAD はユーザが SELECT 文などにおいて検索を指定したカラム（射影カラム）からなるレコード（以下論理レコードという）に関する情報を格納します．

論理レコード中の各カラムは構造体 LCOL で管理され，論理レコード中のそのカラムのオフセットなどを含みます．lcolは，論理レコードに含まれる全てのカラム情報，すなわち構造体 LCOL の配列へのポインタです．この配列はテーブルの操作のたびに動的に生成され値が設定されます．**図5.17** にこれらのデータ構造の関係を示しておきます．

(b) 構造体 COL と LCOL

テーブル中のカラムに関する情報は物理レコードに現れるカラムと論理レコードに現れるカラムで異なります．

図5.17 テーブル管理のデータ構造

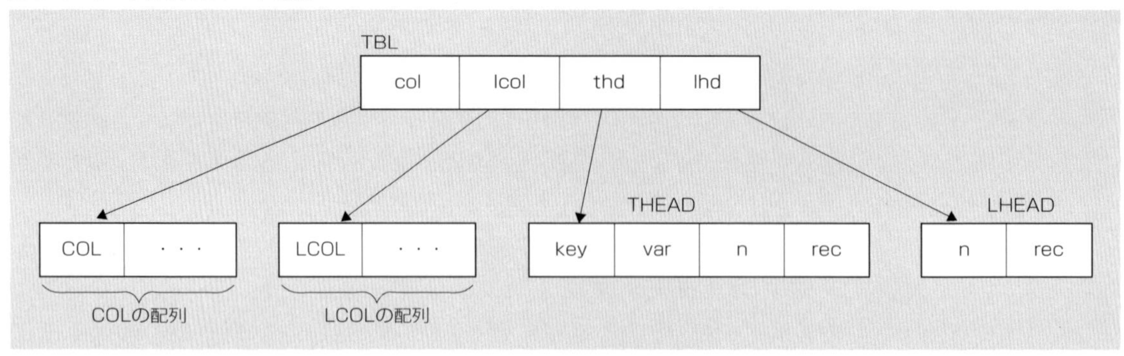

```
typedef struct {
        char     name[NAMESIZ],     カラム名
                 nulval[4],         カラムの既定値
                 type,              カラムのデータ型
                 idx;               インデックスの種類
        short    locate,            物理レコード中のオフセット
                 leng1,             カラム長
                 leng2;             将来の拡張用
        long     hd,                キーカラムの場合そのカラムのB+木に対する構造体TREEのオフセット
                 thd;               構造体 THEAD のオフセット
} COL;    物理レコードのカラム情報
```

ユーザがINSERTコマンドで値を与えないカラムがあった場合には，そのカラムには"既定値"が書き込まれますが，nulvalはその値を保持します．キーカラムの場合，hdはそのカラムのB^+木に対する構造体TREEの テーブルのデータファイルにおけるオフセットを表します．thdはそのカラムを含むテーブルの物理レコード情報を表す構造体THEADのインデックスファイルにおけるオフセットを表します．

```
typedef struct {
        char     name[NAMESIZE];    カラム名
        short    loc,               論理レコード中のオフセット
                 type,              カラムのデータ型
                 leng;              カラム長
} LCOL;    論理レコードのカラム情報
```

(c) 構造体THEADとLHEAD

```
typedef struct {
        char     key[NAMESIZE],     テーブル中のキーカラム名
                 var,               データレコード中に可変長カラムが存在するかどうかのフラグ
                 n;                 テーブル中のカラム数
        short    rec;               物理レコード長
} THEAD;    物理レコードの情報
```

テーブルにはかならず，キーとなるカラムが一つ以上存在する必要があります．key[NAMESIZE]にはキーカラムの内の一つの名前を保持しています．キーでないカラムの検索が生じたときには，このキーカラムに対するB^+木のシーケンスセットを通じて，物理レコードの全探索を行います．

D-SQL は可変長カラムをサポートしていますが，構造体 COL の leng1 にはその最大長が書かれています．可変長カラムの先頭には実際のカラム長が記録されています．可変長カラムを含むデータレコードを読み込む場合にはいったんそのままテーブルのデータファイルからパックされている実際の物理レコードを入力バッファに読み込んだ後，可変長カラムの最大長分を確保した別の入力バッファに整形して入れ直します．固定長カラムのみからなるテーブルレコードの場合にはこのような整形は必要はなく，可変長カラムを含むレコードより高速に操作できます．var はテーブルレコードが可変長カラムを含むかどうかを示すフラグです．

```
typedef struct {
        char     n;        テーブル操作においてユーザの指定したカラム数
        short    rec;      論理レコード長
} LHEAD;    論理レコードの情報
```

5.10 テーブルの操作

ここでは，ユーザからのSQLコマンド実行要求に応じて，D-SQLがテーブルを操作する方法について述べます．テーブルの検索にはテンポラリファイルを使用するとして，WHERE句中の論理積（AND 演算）や論理和（OR）演算が複合した探索条件の処理のための中間結果を格納します．以後，テーブルのデータファイルを“.dat ファイル”，インデックスファイルを“.idx ファイル”ということにします．

5.10.1 テンポラリファイルの形式

探索条件にしたがって検索・演算した結果の物理レコードそのものとそれらの.dat ファイル内での記憶位置もテンポラリファイルに書き出しておきます．テンポラリファイルの形式を**図5.18** に示します．

図5.18 テンポラリファイルの形式

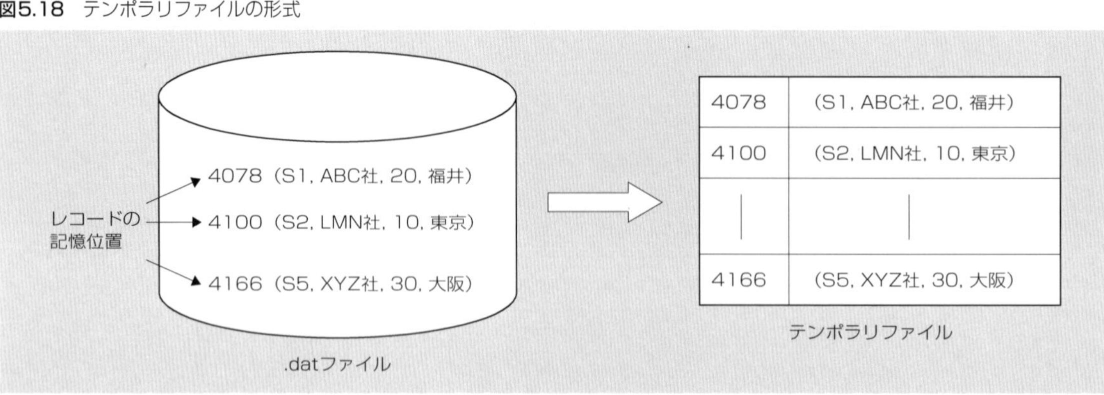

5.10.2 検索

2.1節の**図2.2**のデータベースを例として取り上げます．検索操作には，つぎの3種類があります．

(a) テーブル中の全てのレコードを取り出す

たとえば，

```
SELECT * FROM S; （テーブル S の全てのレコードを取り出す）
```

のように探索条件（WHERE句）がないSELECT文を実行する場合がこれにあたります．まず物理レコードの情報をもつ構造体 THEAD （構造体 TBL のメンバー）を調べます．そのテーブルにはインデックスが付与されたカラムのカラム名が少なくとも一つ存在するので（5.9.1節の（c）項参照），それを知ります（ここでは“業者名”）．このカラム名に該当する構造体 COL を構造体 TBL のメンバー col を通じて探します（**図5.17**）．この構造体 COL を通して，B^+木を扱うための構造体 HEAD の .dat ファイル内での記憶位置を知り，この記憶位置から，構造体 HEAD を取り出します．HEAD にはB^+木 のシーケンスセットを指示するポインタが含まれています．このポインタを知って，シーケンスセットを逐次アクセスし，各レコードの .dat ファイル内での記憶位置を得て，レコードを取り出し，テンポラリファイルに書き出します．

(b) カラム名とカラム値を指定して適合するレコードを取り出す（カラムにインデックスが付与されている場合）

```
SELECT * FROM S
WHERE 業者番号 = 'S1';
```

図5.19 テンポラリファイル同士のAND/OR

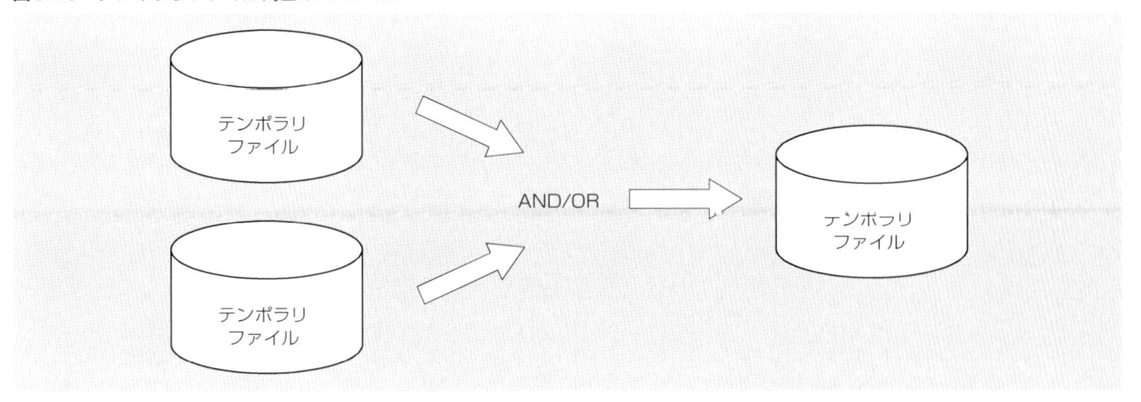

を実行する場合がこれにあたります．カラム名（“業者番号”）に対応する構造体COLを探します．(a）の場合と同様にして，この構造体COLにより構造体HEADを取り出します．このHEADによって，B$^+$木を使用できます．指定されたキーの値('S1')により，B$^+$木を検索することで，当該レコードの記憶位置が得られます．この記憶位置とレコードを，(a）の場合と同様にテンポラリファイルに出力します．

(c）カラム名とカラム値を指定して適合するレコードを取り出す
(カラムにインデックスが付与されていない場合)

```
SELECT * FROM S
WHERE 所在 = '福井';
```

を実行する場合がこれにあたります．

まず，指定されたカラム名（所在）に対応する構造体COLを探します．しかし，インデックスカラムでないので対応するB$^+$木は存在しません．この場合，全てのレコードを取り出す場合と同様の処理が行われます．ただし，B$^+$木のシーケンスセットを逐次アクセスして取り出した各レコードについて，指定されたカラム（所在）が，指定された値（'福井'）を持つかどうかを判定します．もし，適合すれば記憶位置とレコードをテンポラリファイルに出力します．この処理を，B$^+$木のシーケンスセットが終わるまで繰り返します．

5.10.3　探索条件中のAND, OR処理

テンポラリファイルを介した探索条件中のAND, OR処理としてつぎの二つの場合があります．一つは，テンポラリファイル同士のAND, ORであり，もう一つは，テーブルの検索を行いながらテンポラリファイルとのAND，ORをとる場合です．

前者の場合では，テンポラリファイルは三つ必要です．すなわち，二つのテンポラリファイルからレコードを読み込み，演算を行った結果を第3のテンポラリファイルに出力します（**図5.19**）．

これに対し，後者の場合は，テンポラリファイルは二つあればよいのです．第1のテンポラリファイルから読み込み，B$^+$木によって取り出したレコードと演算を行った結果を第2のテンポラリファイルに出力します（**図5.20**）．

5.10.4　更新

ここでは，レコードの削除，カラム値の書き換え，挿入などのテーブルの更新操作について述べます．これらの更新操作においては.datファイル中のレコード本体とともに，関連するインデックスカラムに対するB$^+$木も同時に更新する必要があります．

図5.20 テンポラリファイルとテーブルとのAND/OR

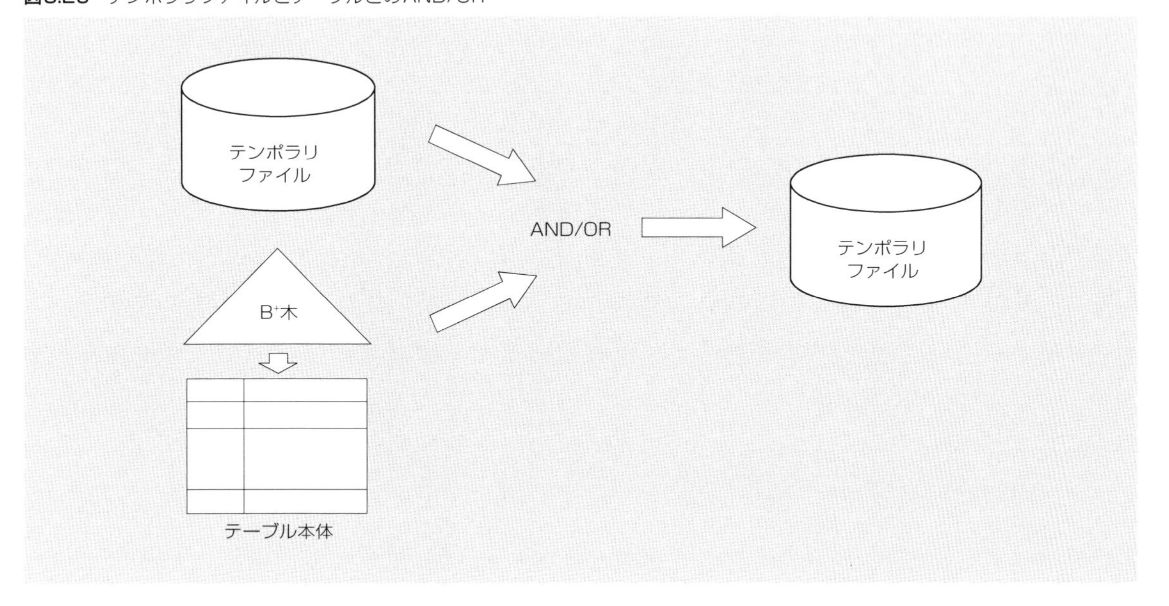

(a) レコードの削除

たとえば,

```
DELETE FROM S
WHERE 業者番号 = 'S2';
```

を実行する場合がこれにあたります．まず，WHERE 句の検索条件を満足するレコードを検索します．これには,

```
SELECT * FROM S
WHERE 業者番号 = 'S2';
```

を実行して，検索結果をテンポラリファイルに書き出します．このテンポラリファイル中のレコードが削除の対象となります．

削除は，B^+木 からキーとレコードの記憶位置の対を消すことで行います．**図5.21**を参照してください．構造体 TBL のメンバーである構造体 COL の配列へのポインタ col（5.9.1節の（c）項参照）を知り，COL を一つ取り出します．この COL がB^+木 を指している（すなわち，COL の示すカラムがインデックスカラム）ならば，そのB^+木 からキー（すなわちカラム値）とレコードの記憶位置の対を削除します．5.10.2節の「検索」の項で述べたとおり，レコードの記憶位置はテンポラリファイルに出力してあります．また，各カラムの値もテンポラリファイル中のレコードから得られます．よって，B^+木からの削除に必要な情報は全てテンポラリファイル中の各レコードから得られます．このB⁺木からの削除の処理を，インデックスカラムであるすべての構造体 COL に対して行います．**図5.21** に示した例は，インデックスカラムが一つの場合です．複数ある場合は，対応するすべてのB⁺木 からキーとレコードの記憶位置を削除します．

以上を，テンポラリファイル中の全てのレコードについて繰り返すことにより，テーブルから当該レコードを削除することができます．レコード本体を削除するわけではなく，.dat ファイルにおけるその記憶位置をB⁺木から削除することにより，レコード本体にアクセスできなくするだけです．したがって，削除したレコードはガーベッジ（ごみ）として .dat ファイル中に残ることになります．このようなガーベッジがある一定以上に多くなるとデータベースの再編成が必要となります．

(b) カラム値の書き換え

カラム値の書き換えは，SQL 操作文の UPDATE にあたります．書き換えの対象レコードは「削除」同様，テンポラリファイルに生成されます．

書き換えは，一つのカラムについてのみ行うことができます．インデックスカラム

図5.21 レコード（S2,LMN社,10,東京）の削除

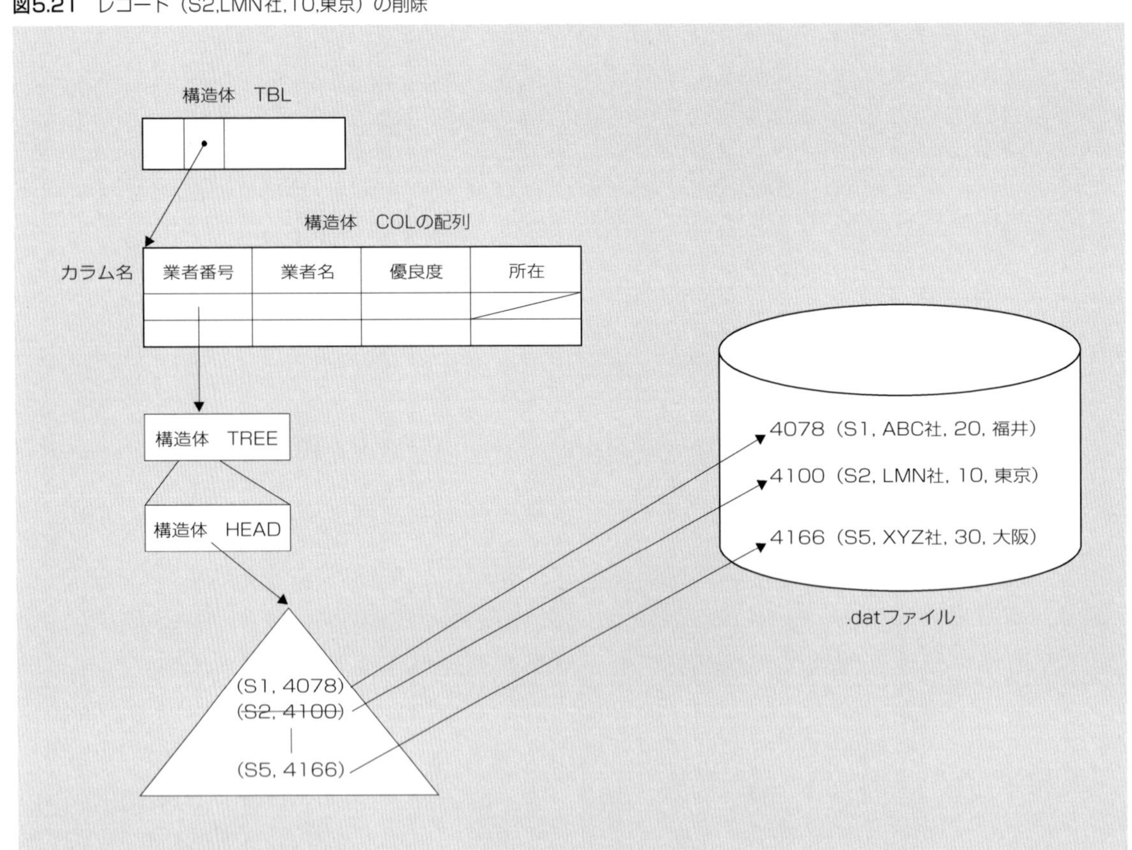

の場合は，B^+木 から更新前のキーを削除した後，更新後のキーを挿入します．つぎに，.dat ファイル中のレコード本体を書き換えます．まず，テンポラリファイルからレコードの記憶位置を取り出します．そして，その記憶位置から書き換えるカラムの.dat ファイル内での記憶位置を計算します．この計算には，構造体 COL のメンバー locate（レコード内でのカラムの位置）を用います．最後に，計算した位置を新しいカラム値に書き換えます．以上をテンポラリファイル中のすべてのレコードについて行います．

(c) レコードの挿入

挿入は，SQL 操作文の INSERT にあたります．まず，.dat ファイルの現在の eof の位置を得ます．これをレコード本体の記憶位置とします．つぎに，構造体 TBL のメンバーであるポインタ col を知り，構造体 COL を一つずつ調べていきます．COL の示すカラムがインデックスカラムであるなら，キー（カラム値）とレコード本体の記憶位置の対を，B^+木 に挿入します．これを，すべての COL に対して繰り返します．そして，記憶位置にレコード本体を書き込みます．

第6章 関係データベースの適用業務とチューニング

情報検索／オンライン・トランザクション処理／受注管理／意思決定支援／
共同設計作業／TPCベンチマーク／関係データベースとチューニング／
パフォーマンス・チューニング／適切なインデックス種類／
SQL文の変更・選択／システム・パラメータ／
データベース・パラメータ

本章では，まず，データベースを使用する典型的な業務について述べます．次に，関係データベースにおいてチューニングが必要な背景を示し，データベース処理の性能を向上させるための基本的な方法について述べます．

6.1 データベース適用業務

6.1.1 業務種別

データベースを使用する典型的な業務を以下に列挙します．

(1) 情報検索

検索が中心の業務であり，ウェブのキーワード検索や各種の制御用情報の検索に代表される業務です．キーワード等を利用した検索業務や，電話番号等のユニークな番号からのきわめて高速な検索が要求される業務であり，通常，短い応答時間，ならびに,同時に多数の利用者からの要求を処理するための高スループットが要求されます．ただし，検索要求が主であるので，更新処理との競合はあまり考慮しなくてもよいでしょう．キーワード検索にしろ，ユニークキー検索にしろ，なんらかのインデックスを利用することになります．

(2) オンライン・トランザクション処理

銀行の口座取引業務や列車や飛行機の座席予約業務に代表される更新が中心の業務です．即時更新が要求され，また，通常，情報検索業務と同様，短い応答時間と高スループットが要求されます．更新要求が主ですが，更新要求のみであることはあまりなく，情報を得るための検索要求と更新要求で一つのトランザクションを構成することがほとんどです．更新要求が主なので，他トランザクションとの競合が起きやすく，短い応答時間と高スループットを実現するのは困難です．

(3) 受注管理

ウェブ上でのカタログ販売のような，検索と更新がともに存在する業務です．品物に関する様々な観点からの検索を行うことが求められ，しかも，オンラインでの受注・在庫管理のための更新処理も要求されます．オンライン・トランザクション処理ほどの応答時間や高スループットは要求されませんが，ある程度の応答時間とスループットは要求されます．

(4) 意思決定支援

経営戦略を立てるために非常に大量のデータから様々な情報を求める検索中心の業務です．情報検索業務，オンライン・トランザクション処理や，受注管理業務のような短い応答時間や高スループットは求められませんが，検索対象が非常に大量のデータであることに加え，非常に複雑な検索条件を処理することが求められます．この点で，実現するのが困難な業務です．

(5) 共同設計作業

コンピュータを用いた共同設計作業のような業務であり，他の人の情報を検索しながら，自分の情報を更新するといった業務です．高いスループットは要求されませんが，ある程度の応答時間は要求されます．一度に多くのデータ実体を扱い，その更新を行うので，高い更新性能が要求されます．また，一つのトランザクションが数時間におよぶというロングトランザクションであることが多く，この点で実現が困難な業務です．

6.1.2 TPCベンチマークでの想定業務

ここでは，典型的なデータベース適用業務として，TPCベンチマークでの想定業務について概説します．TPCは，トランザクション処理性能評議会（Transaction processing Performance Council）の略，独立したベンチマーク監査機関です．現在，ベンチマークとして，TPC-C，TPC-H，TPC-W，TPC-Rという四つのベンチマークが利用されています．

(1) TPC-C

TPC Benchmark™ C（TPC-C）は，従来から行われてきたオンライン・トランザクション処理（OLTP）のためのベンチマークです．

TPC-Cで想定している業務は受注販売業務です．会社は区域ごとの販売店と販売店のための倉庫を持ちます．各倉庫は10販売店を担当します．各販売店は3,000の顧客を持ちます．倉庫には100,000点の商品の在庫があります．倉庫や販売店は事業の進展に伴って新設されます．顧客は会社に新規の注文や注文の確認を依頼します．平均10個の商品が注文され，全注文の1％は担当の倉庫にないため，他の倉庫から配送を受けます．顧客からの支払い，商品の配送，ならびに，商品の在庫検査も行います．

TPC-Cで対象とするのは以下に示す九つのリレーションです．

- **Warehouse**（倉庫）

  倉庫識別子，倉庫名，住所，税率，収益に関する9属性を持つ．なお，4属性は可変長文字列であり，主キーは倉庫識別子．W個のタプルが存在する．WはItemリレーション以外の，すべてのリレーションのタプル数に影響するので，Wを変えることでデータベースのサイズが変わることになる．タプル長は，通常約90バイト，最大で約100バイト．

- **District**（販売店）

  販売店識別子，倉庫識別子，販売店名，住所，税率，収益，次注文番号に関する11属性を持つ．このうち4属性は，可変長文字列で，主キーは（倉庫識別子，販売店識別子）．倉庫ごとに10の販売店がある．タプル長は，通常約95バイト，最大で110バイト程度．

- **Customer**（顧客）

  顧客番号，販売店識別子，倉庫識別子，顧客情報，クレジットカード情報，値引率，請求額，支払い総額，支払い回数，配達回数，備考に関する21属性を持つ．このうち6属性は可変長文字列．主キーは（倉庫識別子，販売店識別子，顧客識別子）．販売店ごとに3000人の顧客がいる．タプル長は，通常約655バイト，最大で約700バイト．

- **History**（履歴）

  顧客の販売履歴に関する8属性を持つ．このうち1属性は可変長文字列．主キーはなく，顧客に対して1以上の履歴がある．タプル長は，通常約46バイト，最大で60バイト程度．

- **New-Order**（新規注文）

  注文識別子，販売店識別子，倉庫識別子という3属性を持ち，全属性が主キーを構成する．タプル長は8バイト．注文に対してたかだか1個存在する．

- **Order**（注文）

  注文識別子，販売店識別子，倉庫識別子，顧客識別子，注文日時，注文点数等の注文に関する8属性を持つ．主キーは（倉庫識別子，販売店識別子，注文識別子）．顧客ごとに1以上の注文がある．タプル長は24バイト．

- **Order-Line**（注文品）

  注文識別子，販売店識別子，倉庫識別子，注文品通番，商品番号，供給倉庫識

別子，数量，合価等に関する10属性を持つ．主キーは（倉庫識別子，販売店識別子，注文識別子，注文品通番）．注文ごとに5から15の注文品がある．タプル長は54バイト．

- **Item**（商品）

  商品番号，商品画像識別子，商品名，価格，ならびに，備考という5属性を持つ．主キーは商品番号．商品名と備考は可変長文字列であり，タプル長は，通常80バイト程度で，最大90バイト程度．商品は100,000タプルある．

- **Stock**（在庫）

  商品番号，倉庫番号，在庫数，販売店，注文回数等に関する17属性を持つ．主キーは（倉庫番号，商品番号）．可変長文字列属性を一つ持ち，タプル長は，通常306バイト，最大320バイト程度．100,000×W個のタプルが存在する．

データベースのサイズは，Wが1の場合（すなわち，倉庫が1個の場合），約77MBとなります．これらのリレーションの実体関係図を**図6.1**に示します．矢印は「1対多」の関係を表します．

TPC-Cでは以下に示す5種類のトランザクションを設けています．

(a) 新規注文

・顧客リレーション，倉庫リレーション，販売店リレーションから，値引率を含む顧客情報，倉庫地域の税率，販売店区域の税率と次注文番号を求める．
・販売店リレーションの次注文番号をインクリメントする．
・注文リレーションに注文情報を格納する．
・新規注文リレーションにも注文情報を格納する．

各注文品について以下を行います．
・商品リレーションから価格を含む商品情報を取り出す．

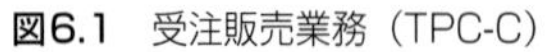
図6.1 受注販売業務（TPC-C）

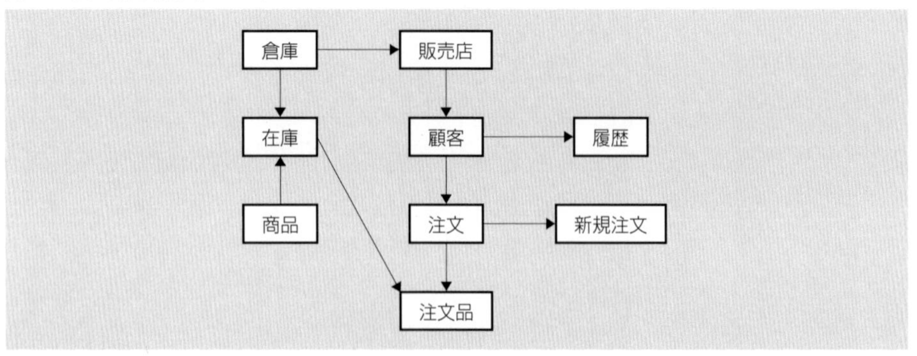

・在庫リレーションから在庫情報を取り出す.
・供給可能な倉庫の注文品の在庫数を減らす.
・税率と値引率を勘案して合価を求め，注文品リレーションに情報を格納する.

(b) 支払い

・倉庫リレーションの収益に売上高を加算する.
・倉庫リレーションの情報を取り出す.
・販売店リレーションの収益に売上高を加算する.
・販売店リレーションの情報を取り出す.
・顧客が顧客識別子を入力した場合と姓のみを入力した場合を考慮して，顧客リレーションから顧客情報を取り出す.
・顧客リレーションの請求額から売上高を差し引く．支払い総額は売上高だけ加算し，支払い回数をインクリメントする．ただし，顧客が“不良”カードの持ち主の場合は，履歴リレーションから当該顧客の情報を取り出し，顧客リレーションの備考に情報として加える.
・履歴リレーションに，今回の支払いの情報を格納する.

(c) 注文確認

・顧客が顧客識別子を入力した場合と姓のみを入力した場合を考慮して，顧客リレーションから顧客情報を取り出す.
・注文リレーションからその顧客の最新の注文情報を取り出す.
・この注文に関する注文品の情報を注文品リレーションからすべて取り出す.

(d) 配達

倉庫に関係する全販売店に対して以下を行います.

・新規注文リレーションから新規注文情報を取り出す.
・このタプルを新規注文リレーションから削除する.
・注文リレーションから顧客情報（顧客識別子）を取り出しておく.
・注文リレーション配送業者識別子を設定する.
・注文品リレーションの該当するタプルの配送日を設定する.
・注文品リレーションを用いて注文品の総計を求める.
・顧客リレーションの請求額に注文品の総計を加算し，配達回数をインクリメントする.

(e) 在庫調査

・販売店リレーションから次注文番号を取り出す.
・注文品リレーションから最新の20品目を求める.
・在庫数がある閾値を切った商品の種類数を求める.

在庫調査トランザクション以外は，トランザクションはいくつかの検索と更新から構成されています．また，一つのトランザクションで複数のリレーションを処理対象としていますが，結合を伴うことはあまりありません.

性能測定にあたっては，少なくとも，支払いトランザクションが43％，注文確認，配達，在庫調査のトランザクションが，おのおの4％の割合で含まれており，おのおのトランザクションの90％の応答時間が，在庫調査トランザクションは20秒，その他は5秒以内で終了しなければなりません．ただし，応答時間にはメニュー入力時間や結果表示の時間は含まれません．

(2) TPC-H，TPC-R

TPC Benchmark™ H（TPC-H）とTPC Benchmark™ R（TPC-R）は，意思決定支援業務のためのベンチマークです．TPC-HとTPC-Rともに，ビジネス指向の問い合わせ，ならびに，同時実行的な更新処理で構成されています．TPC-Hのほうがまったく非定型の問い合わせであることを想定しているのに対し，TPC-Rのほうは問い合わせがあらかじめ決定されていることを想定しています．したがって，TPC-Rに対しては何らかの最適化を施して性能を向上させることが可能です．

TPC-HとTPC-Rでは，注文をもとに業務分析を行うことが想定されています．業務分析のための様々な問い合わせが行われます．また，データベースは1週間に一度，更新処理（後述のRF1とRF2）により刷新されます．また，データベースの大きさは，倍率（SF）が1の場合で約1GB，倍率が10,000の場合は10,000GBが想定されています．

TPC-HとTPC-Rで対象とするのは以下に示す八つのリレーションです．

- **PART**（部品）

  部品識別子，部品名，大きさ等，部品に関する9属性を持つ．なお，3属性は可変長文字列であり，主キーは部品識別子．SF×200,000個のタプルが存在する．タプル長は，通常155バイト，最大で約170バイト．

- **SUPPLIER**（供給元）

  供給元識別子，供給元名，住所，国識別子，電話，収支，備考の7属性を持つ．なお，住所と備考は可変長文字列であり，主キーは供給元識別子．SF×10,000個のタプルが存在する．タプル長は，通常約160バイト，最大で約200バイト．

- **PARTSUPP**（供給）

  部品の供給関係を表すリレーションで，部品識別子，供給元識別子，在庫，卸値，備考の5属性を持つ．なお，備考は可変長文字列であり，主キーは（部品識別子，供給元識別子）．SF×800,000個のタプルが存在する．タプル長は，通常約145バイト，最大で約220バイト．

- **CUSTOMER**（顧客）

  顧客識別子，顧客名，住所，国識別子，電話，収支，備考等の8属性を持つ．なお，顧客名，住所，備考は可変長文字列であり，主キーは顧客識別子．SF×150,000個のタプルが存在する．タプル長は，通常約180バイト，最大で約225バイト．

図6.2 意思決定支援（TPC-H，TPC-R）

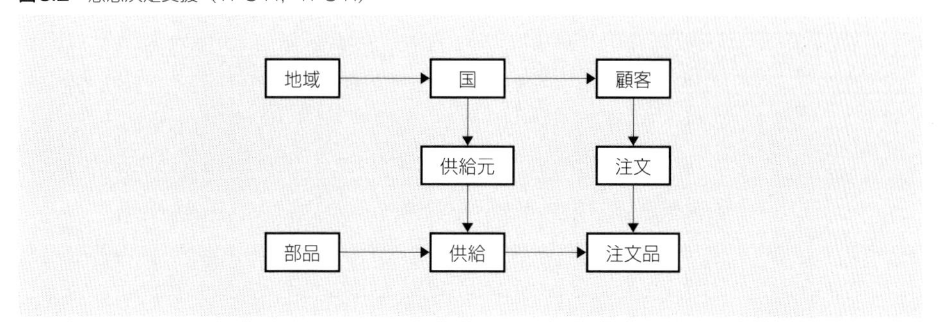

- **ORDERS**（注文）
  注文識別子，顧客識別子，総額等，注文に関する9属性を持つ．なお，備考は可変長文字列であり，主キーは注文識別子．SF×1,500,000個のタプルが存在する．タプル長は，通常約105バイト，最大で約220バイト．
- **LINEITEM**（注文品）
  注文識別子，部品識別子，供給元識別子，注文通番，値引き率，税率等，16属性を持つ．備考は可変長文字列であり，主キーは（注文識別子，注文通番）．SF×6,000,000個のタプルが存在する．タプル長は，通常約112バイト，最大で約140バイト．
- **NATION**（国）
  国識別子，国名，地域識別子，備考の4属性を持つ．備考は可変長文字列であり，主キーは国識別子．25個のタプルが存在する．タプル長は，通常約128バイト，最大で約185バイト．
- **REGION**（地域）
  地域識別子，地域名，備考の3属性を持つ．備考は可変長文字列であり，主キーは地域識別子．5個のタプルが存在する．タプル長は，通常約124バイト，最大で約180バイト．

これらのリレーションの実体関係図を**図6.2**に示します．矢印は「1対多」の関係を表します．

TPC-HとTPC-Rでは以下に示す22種類の意思決定支援向けの問い合わせと2種類のデータ更新処理を設けています．

（Q1）価格概要レポート問い合わせ

注文品リレーションをもとに，ある日の全注文品の総数，合価合計，割引後合価合計，税込み合価，平均数，平均価格，平均値引きを，領収済か未か，配送済か未か返品かに分けて表示する．

（Q2）最小コスト供給元問い合わせ

部品，供給元，供給，国，地域の5リレーションをもとに，ある地域において，型とサイズの違いを考慮して各部品を最小コスト（最低の卸値）で供給する供給元を，供給元の収支，国名，供給元名，部品識別子で順序化して求める．最低の卸値を求める副問い合わせ，5リレーションの結合と順序化を必要とする．

（Q3）配送優先度問い合わせ

顧客，注文，注文品の3リレーションをもとに，収入（税抜き合価）が高くて未配送の注文を収入の高いものから10件求める．3リレーションの結合とグループ化，順序化を必要とする．

（Q4）注文優先度確認問い合わせ

注文リレーションをもとに，ある年のある四半期に1品目でも注文のあった注文の数を，注文の優先度ごとにその順番で求める．注文の有無を求めるための副問い合わせ，グループ化と順序化を必要とする．

（Q5）国内供給総額問い合わせ

顧客，注文，注文品，供給元，国，地域の6リレーションをもとに，各国内で顧客が注文し供給元が供給した商品による収入総額を，国ごとに収入総額の高いものから順番に求める．これはある国に配送センターを設けるか否かの判断に使用する．6リレーションの結合とグループ化，順序化を必要とする．

（Q6）収益変化予測問い合わせ

注文品リレーションをもとに，ある値引き率を取り止めた場合の1年間の増益額を求める．

（Q7）交易額問い合わせ

供給元，注文品，注文，顧客，（輸出）国，（輸入）国の6リレーションをもとに，輸出国，輸入国，年，収入総額を，輸出国，輸入国，年ごとにグループ化しこれらの順番で求める．6リレーションの結合とグループ化，順序化を必要とする．

（Q8）マーケットシェア問い合わせ

ある地域内でのある国のマーケットシェアを年ごとにグループ化し，年の順番で求める．部品，供給元，注文品，注文，顧客，（輸出）国，（輸入）国，地域という8リレーションの結合を用いた副問い合わせとグループ化，順序化を必要とする．

（Q9）製品収益問い合わせ

ある型の製品のある国のある年の純益を国と年ごとにグループ化しその順番で求める．部品，供給元，注文品，供給，注文，国という6リレーションの結合を用いた副問い合わせとグループ化，順序化を必要とする．

（Q10）返品レポート問い合わせ

返品した顧客の情報を商品の総額の高いものから順に20名求める．顧客，注文，注文品，国という4リレーションの結合とグループ化，順序化を必要とする．

（Q11）重要在庫特定問い合わせ

ある国の供給元が供給している在庫の中で総額がかなりの割合を占める部品を求める．供給，供給元，国という三つのリレーションの結合，全総額を求める副問い合わせとグループ化，順序化を必要とする．

（Q12）配送種別と注文優先度問い合わせ

指定日から1年以内の注文優先度が高い注文品の数と注文優先度が低い注文品の数を配送種別ごとに求める．注文と注文品の二つのリレーションの結合，集約関数（SUM）とグループ化，順序化を必要とする．

（Q13）顧客分布問い合わせ

注文回数ごとの顧客数を求める．ただし，注文が特別な注文である場合を除く．注文回数には0回を含める．顧客と注文リレーションしか扱わないが，文字列のパターンマッチング，外結合，副問い合わせ，集約関数（COUNT），顧客識別子によるグループ化や注文回数によるグループ化，順序化を必要とする．

（Q14）宣伝効果問い合わせ

（宣伝を行った）ある年月において，部品のタイプが“宣伝”となっている部品の収益率を求める．部品と注文品リレーションしか扱わないが，集約関数（SUM）と結合を必要とする．

（Q15）トップ供給元問い合わせ

ある年のある四半期において最も収益に貢献した供給元を求める．供給元と注文品リレーションしか扱わないが，集約関数（SUM，MAX），結合，グループ化や順序化，ビューを必要とする．

（Q16）供給関連問い合わせ

顧客の特定の要求を満足する部品を供給することができる供給元の数を求める．要求には8種類の異なるサイズや苦情が寄せられていないこと等の条件がある．供給，供給元と部品リレーションしか扱わないが，文字列のパターンマッチング，副問い合わせ，集約関数（COUNT），結合，グループ化や順序化を必要とする．

（Q17）少量注文問い合わせ

ある銘柄のある包装種別のある部品について，その平均注文数の20％未満の数しか発注していない注文が，もし仮になかったとした場合の過去7年の平均の損失を求める．供給と注文品リレーションしか扱わないが，文字列のパターンマッチング，副問い合わせ，集約関数（AVG，SUM），結合を必要とする．

（Q18）上得意問い合わせ

ある注文数より多くの大量の注文をしているトップ100の顧客を求める．顧客，注文，ならびに，注文品リレーションしか扱わないが，副問い合わせ，集約関数

(SUM), 結合, グループ化や順序化を必要とする.

(Q19) 特定収益問い合わせ

三つの異なる条件の部品の収益を求める. 部品と注文品リレーションしか扱わないが, 複雑な検索条件, ならびに, 集約関数 (SUM) を必要とする.

(Q20) 潜在的部品受注問い合わせ

ある国においてある部品の例年の供給の50%を越える数の在庫を有している供給元を求める. 供給元, 国, 部品, ならびに, 注文品という四つのリレーションを扱い, 副問い合わせ, 集約関数 (SUM), ならびに, 順序化を必要とする.

(Q21) 不良発送供給元問い合わせ

ある国において, 同一部品を複数の供給元が扱っている部品を約束の配達日に配達していない供給元の名前と滞っている注文数を求める. 供給元, 国, 注文, ならびに, 注文品という四つのリレーションを扱い, 副問い合わせ, 集約関数 (COUNT), ならびに, グループ化と順序化を必要とする.

(Q22) 販売機会問い合わせ

電話番号の先頭2桁で特定できるいくつかの国において, 過去7年間に注文はしていないが, 平均の収支よりも多くの収支を持っている顧客の数を求める. 顧客と注文という二つのリレーションしか扱わないが, 副問い合わせ中の副問い合わせ, 集約関数 (AVG, SUM, COUNT), ならびに, グループ化と順序化を必要とする.

(RF1) 新規販売更新処理

新規の販売情報をデータベースに格納する. ここでは, 注文リレーションにSF×1500の新規注文に対応するタプルを挿入し, 注文一つに対して, 1から7個の注文品に対応するタプルを注文品リレーションに挿入する.

(RF2) 旧販売更新処理

過去の販売情報をデータベースから削除する. ここでは, 注文リレーションからSF×1500の注文に対応するタプルを削除し, その注文を構成する注文品に対応するタプルを注文品リレーションから削除する.

ほとんどの問い合わせでは多くのリレーションを結合して処理しています. また, ほとんどの問い合わせでグループ化や順序化が行われており, 副問い合わせも頻繁に行われています. このように, 非常に複雑な問い合わせとなっています.

また, データベースの大きさも, 1GBから10,000GBであり, 非常に大きいものを対象にしています.

(3) TPC-W

TPC Benchmark™ W (TPC-W) は, ウェブを通した電子商取引のベンチマークです. ベンチマークでは, オンライン書店の業務がシミュレートされており, 多数のオンライン・ブラウザからのアクセス，データベースへのアクセスとデータベースの更新を伴う動的なウェブページの作成，様々な業務処理が行われます．また，ショッピング，閲覧，ならびに，ウェブでの発注業務がシミュレートされています．

TPC-Wで対象とするのは以下に示す八つのリレーションです．

- **ITEM**（商品）

  商品識別子，タイトル，著者識別子，出版社，写真，在庫数，ISBN，関連情報等の22属性を持つ．ここで，関連情報とは，この商品を購入した顧客が同時に購入した商品の商品識別子であり，5品目分格納する．なお，六つの可変長文字列があり，二つの画像属性がある．主キーは商品識別子．タプル数は1,000個から10,000,000個までが想定されている．タプル長は，通常約860バイト，最大で約880バイト．
- **AUTHOR**（著者で）

  著者識別子，著者名（3属性），生年月日，ならびに，備考の6属性を持つ．このうち，著者名と備考の4属性は可変長文字列である．主キーは著者識別子である．タプル数はITEMリレーションのタプル数の1/4である．タプル長は約630バイトである．
- **CUSTOMER**（顧客）

  顧客識別子，顧客名，パスワード，住所識別子，最終アクセス年月日等の17属性を持つ．なお，七つの可変長文字列があり，主キーは顧客識別子．2880×（ブラウザ数）個のタプルが存在する．タプル長は約760バイト．
- **ADDRESS**（住所）

  住所識別子，住所，国識別子の7属性を持つ．このうち，可変長文字列が7属性ある．主キーは住所識別子．タプル数は，CUSTOMERリレーションのタプル数の2倍．タプル長は約154バイト．
- **COUNTRY**（国）

  国識別子，国名，通貨交換レート，ならびに，通貨名という4属性を持つ．このうち，国名と通貨名は可変長文字列．主キーは国識別子．タプル数は92（固定）．タプル長は，通常約70バイト，最大で約85バイト．
- **ORDERS**（注文）

  注文識別子，顧客識別子，注文日，総額等の11属性を持つ．このうち，可変長文字列が2属性ある．主キーは注文識別子．タプル数はCUSTOMERリレーションのタプル数の0.9倍．タプル長は約220バイト．
- **ORDER_LINE**（注文品）

  注文品識別子，注文識別子，商品識別子，個数，値引率，ならびに，備考の6属性を持つ．このうち，備考は可変長文字列．主キーは（注文品識別子，注文識別子）．タプル数はORDERSリレーションのタプル数の3倍．タプル長は約132バ

図6.3 オンライン書店（TPC-W）

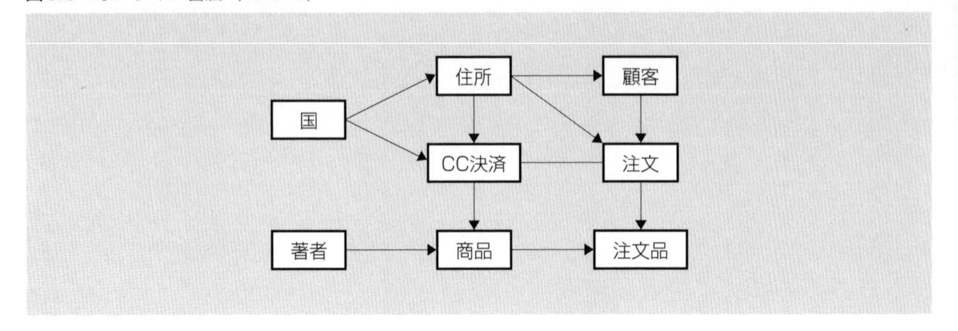

イト．

・**CC_XACTS**（クレジットカード決済）

注文識別子，カードタイプ，カード番号，保有者名，決済額等の9属性を持つ．このうち，カードタイプと保有者名は可変長文字列．主キーは注文識別子．タプル数はORDERSリレーションのタプル数と同数．タプル長は約80バイト．

ブラウザの数が1,000で商品が10,000品目の場合，データベースのサイズは約5GBとなります．これらのリレーションの実体関係図を**図6.3**に示します．矢印は「1対多」の関係を表し，直線は「1対1」の関係を表します．

これらのリレーションのほかに，ショッピングセッションにおいて以下の構造体を想定しています．

・**CART**（ショッピングカート）

CART構造体では，ショッピング識別子，顧客識別子，最終更新日，合計，税率，送料，総計，顧客姓名，値引率，商品リストの情報が保持される．商品リストの項目は，商品識別子，個数，費用，価格，書籍のタイトル等の情報が保持される．

TPC-Wでは14種類のウェブインタラクションが設けられています．ウェブインタラクションには，他ページへのリンク，通信や認証等様々な要件がありますが，ここでは，データベースアクセスを中心に概説します．

(1) ホームページ

オンライン書店のホームページを表示します．ここでは，会社のロゴマーク，アクセスしたユーザ名（例えば，「ようこそ○○○○さん」）のほかに，ショッピングカート，検索，ならびに，注文状況のページへ跳ぶボタン，5種類のおすすめ書籍の写真，書籍の種別ごとに新商品を紹介するページに跳ぶリンク，ならびに，書籍の種別ごとにベストセラーを紹介するページに跳ぶリンクが表示されます．

データベースとしては，ユーザ名から顧客氏名を求める必要があります．

(2) ショッピングカート

購入する書籍のリストを保持し，ショッピングカートの中身としてウェブのページに表示します．CART構造体をリレーションとして扱うならば，カートへの書籍の登録，冊数の修正，購入取り止めが，おのおの，このリレーションへの挿入，修正，削除に対応します．

(3) 顧客登録

顧客登録のページを表示します．新規登録か登録済みかを指定し，登録済みの場合は，ユーザ名とパスワードを要求します．新規登録の場合はユーザ名，氏名，住所，生年月日，電話番号，電子メールアドレスを入力させます．いずれの場合も，入力後，購入要求ウェブインタラクション用のページに移ります．

データベースへのアクセスはありません．

(4) 購入要求

購入要求用のページを表示します．顧客が登録済みの場合は，ユーザ名とパスワードから顧客情報を得て表示します．新規登録の場合は顧客情報を登録します．また，ショッピングカートの中身を表示し，税や送料を加えた請求額を表示します．また，支払いのためのクレジットカード情報や配達方法や配送先を入力させます．注文処理ボタンを押すことにより，購入確認ウェブインタラクションに進みます．

データベースとしては，顧客が新規登録か登録済みかで処理が異なります．登録済みの場合は，CUSTOMER，ADDRESS，COUNTRYのリレーションをもとに顧客の情報を取り出します．顧客の新規登録の場合は以下の処理を行います．

- すでにユーザ名が使用されていないか検査する．
- 国に関する情報を得る．
- すでに住所が登録されていないか検査する．
- 住所が登録済みでなければADDRESSリレーションに住所を登録する．
- CUSTOMERリレーションに顧客情報を登録する．

また，CART構造体から情報を取り出します．ただし，ここでは，クレジットカードの情報を保持するCC_XACTリレーションへのアクセスはありません．

(5) 購入確認

ショッピングカートの情報をもとに注文を受け付け，クレジットカードでの決済を行います．その後，購入確認用のページを表示します．
データベースとしては以下の処理を行います．

・国に関する情報を得る．
・配送先が登録されているか検査する．
・配送先が登録済みでなければADDRESSリレーションに住所を登録する．
・注文情報をORDERSリレーションに格納する．
・注文品ごとに，ORDER_LINEリレーションに注文品情報を格納し，ITEMリレーションの在庫数を更新する．
・決済情報をCC_XACTリレーションに格納する．

(6) 注文照会

最後の注文を照会します．利用者にユーザ名とパスワードを入力させ，注文の表示に進むボタンを押してもらいます．データベースに対して行うことはありません．

(7) 注文表示

最終の注文情報を取り出し，注文状況を表示します．データベースとしては以下の処理を行います．

・ユーザ名とパスワードをもとにCUSTOMERリレーションから顧客情報を求める．
・ORDERリレーションから最後の注文の注文識別子を求める．
・ADDRESSリレーションとCOUNTRYリレーションから，住所情報と国情報を求め，ORDERリレーションから注文情報を求める．
・個々の注文品に関する情報をORDER_LINEリレーションとITEMリレーションを用いて求める．

(8) 検索要求

著者名，タイトル，トピックスに関する検索要求を受け付けます．データベースに対して行うことはありません．

(9) 検索結果表示

検索要求に対する検索結果を表示します．
データベースとしては，ITEMリレーションとAUTHORリレーションを用いて検索を行います．検索要求に応じて，文字列のパターンマッチングを行います．また，結果は，TPC-Wでは，タイトルの順番で表示します．

(10) 最新刊表示

ある分野の最新刊の情報を表示します．ただし，ここでは著者名とタイトルのみを表示し，詳細表示ページに跳ぶリンクを作成します．

データベースとしては，ITEMリレーションとAUTHORリレーションを用いて検索を行います．指定された分野に制限するため文字列のパターンマッチングを行います．また，結果は出版日が最近のものから，出版日とタイトルで順序化して表示します．

(11) ベストセラー表示

ある分野のベストセラー情報を表示します．ここでも，最新刊表示と同様に，著者名とタイトルのみを表示し，詳細表示ページに跳ぶリンクを作成します．

データベースとしては以下の処理を行います．

- ORDERリレーションをもとに最近の注文を数千件求める．
- この中から，最も古い注文番号を持つ注文を求める．
- ORDER_LINE，ITEM，AUTHORリレーションを用いて，分野が合致し，上記注文番号よりも大きい注文番号の商品のタイトルと著者名を，商品識別子，タイトル，ならびに，著者名でグループ化し，その注文数の総和が多いものから順に求める．

(12) 商品詳細表示

ある商品の詳細情報を表示します．データベースとしては，ITEMリレーションとAUTHORリレーションをもとに商品識別子を用いて検索を行います．

(13) 商品情報変更要求

ある商品の価格，画像を変更する要求を行います．ページ上には，商品のタイトル，著者名とともに，現在の価格や画像が表示されます．

データベースとしては，ITEMリレーションとAUTHORリレーションをもとに商品識別子を用いて検索を行うことになります．

(14) 商品情報変更確認

商品情報変更要求を処理し，確認情報を表示します．また，この商品の関連情報を更新します．

データベースとしては以下の処理を行います．

- 当該商品の関連商品を5個求める．このために，ORDERSリレーションから最近の10,000件の注文を取り出し，この商品を購入した顧客（顧客識別子）をORDERSリレーションとORDER_LINEリレーションを用いて求める．そして，この商品以外の商品を，注文総数の多いものから順に5件求める．

・ITEMリレーションの当該商品の情報を更新する．

「ベストセラー表示」と「商品情報変更確認」における関連情報の検索では，複数リレーションの結合，集約演算，グループ化，ならびに，順序化が必要ですが，それ以外のウェブインタラクションでは，多くても2リレーションの結合の検索，または，情報追加のための更新処理です．ウェブインタラクションの中にはデータベースアクセスを伴わないものも4種類あります．

6.2 関係データベースとチューニング

関係データベースは，データベースの論理的な側面と物理的な側面を分離し，利用者に論理的な側面のみでのデータベースの利用を可能にしています．これにより，それまでのネットワーク型のデータベースと比較して，より高いデータ独立性が達成され，プログラマは手続き的にではなく，宣言的にデータベースを利用することが可能となっています．

関係データベースを管理するデータベース管理システムは，このための様々な機能を持っています．問い合わせ最適化器（オプティマイザ）がこの代表です．オプティマイザは，宣言的に記述されたSQL文から最も効率的にデータを取り出せる方法を決定し，データを取り出す手順（アクセスプラン）を作成します．これにより，データベースについてあまり知識のない利用者でも，問題のない性能でデータベース操作を行うことが可能です．また，利用者が物理的な側面を意識しないことを積極的に利用して利用者の利便を図ることも行われています．例えば，同時実行性を向上させるために，データを近接して配置せず，わざと分散させて配置することなどです．したがって，データ配置のことを考慮せずにデータ挿入を行っても，問題のない性能で問い合わせを行うことができます．

しかし，性能条件の厳しい業務では，上記の機能がかえって不都合になることがあります．オプティマイザが同じSQL文に対して性能の良くないアクセスプランを生成してしまうのがこの例です．例えば，タプル数が少ない場合は，一般にインデックスを利用した検索よりも全検索のほうが速いので，オプティマイザは全検索を行うアクセスプランを作成します．この状態でタプル数が増えてゆき，オプティマイザがアクセスプランを作り変えなければ，インデックスは利用されず，検索性能が劣化してしまうことになります．そして，関係データベースでは，利用者であるプログラマはこれを直接制御することはほとんど不可能です．プログラマにできることは，問題のないSQL文を記述することや，データベースのアクセス回数を削減する程度です．その他にできることは，リレーションをうまく設計すること，ハードウェア等を増強すること，限られたシステムパラメータを調整すること，そして，データベースをうまく運用することであり，これはデータベース管理者の責務です．ネットワーク型のデータベースでは性能条件を満足させるのにプログラマが大きく関与していたのに対し，関係データベースではプログラマは限られたところにしか関与できません．データベースを使用した応用プログラムにおいて，処理を問題なく完遂させるためには，データベース管理者の責務は非常に大きくなってきているのです．また，ネットワーク型のデータベースでのように，データの配置を最適にして性能を向上させるといった直接的な方法が関係データベースでは採れません．さらに，オプティマイザや自動調整ツールのような，場合によっては余計なことをするプログラムを相手にしなければなりません．性能条件の厳しい業務に対しては，ネットワーク型のデータベースよりも関係データベースのほうが扱いにくいといっても過言ではありません．

以降では，関係データベースを使用する典型的な業務で実際に関係データベースを運用するために，各業務のために必要な関係データベースのチューニングについて述べます．ここで述べることは，関係データベースの論理設計や物理設計の段階で考慮することであり，また，試験運用を通して確認してゆく必要のあることでもあります．概念設計では計算機に関する知識は不要でしたが，論理設計，物理設計，試験運用や本格運用においては計算機やデータベース管理システムの内部処理に関する知識は不可欠です．

6.3 パフォーマンス・チューニング

データベースの論理設計の章の，「リレーションの設計」と「インデックスの設計」において，業務に応じた設計の必要性について述べました．具体的には，リレーションの見直しとインデックスの利用です．これらは，データベースの性能向上に非常に効果的です．しかし，これらを注意深く設計しても，依然としてデータベースの性能に問題がある場合があります．ここでは，これらの，リレーションの見直し，ならびに，インデックスの利用以外の方法について述べます．

6.3.1 適切なインデックス種類の選択

データベース管理システムで通常利用されているのはB^+木に基づくインデックスです．しかし，データベース管理システムによっては，別の種類のインデックスをサポートしているものもあります．ハッシュインデックス，クラスタインデックスやシグネチャファイルです．

ハッシュインデックスはハッシュに基づくインデックスであり，B^+木インデックスよりも高速なアクセスが可能ですが，順次検索は行えません．

クラスタインデックスは，属性値に基づいてデータを近接配置することにより高速なアクセスを可能とするものです．特に，異なるリレーションのタプルであっても，属性値が同一のものを近接して配置するので，結合処理を高速化できます．

シグネチャファイルはキーワード検索に有効な方法です．あらかじめ，キーワードに対して特定のビット列を割り当てておきます．複数のキーワードが付いた文書に対して，キーワードに対するビット列の論理和を取ることでその文書のシグネチャを作成し文書と関連付けて格納しておきます．検索時にも同様にして検索シグネチャを作成し，キーワードという文字列の比較ではなく，シグネチャ（ビット列）の比較で検索候補を絞り込みます．シグネチャのビット数とキーワード当たりの1とするビット数をうまく決定する必要があります．

このようなインデックスがサポートされている場合は，必要に応じて利用するとよいでしょう．

6.3.2 SQL文の変更・利用

現在使用しているSQL文と処理内容が同じで，それよりも効率のよいSQL文がないか検討し，あればそのSQL文に変更します．また，性能向上に関係するSQL文を積極的に使用します．ここでは，SQL文一般にいえることと，使用しているデータベース管理システム独自で可能なことがあります．

(1) SQL文一般

データベース管理システムの問い合わせ処理の中にソート処理が発生しないようにすると性能が向上します．したがって，ソート処理を発生しなくなるようにできる場合はそのようにSQL文を修正します．マルチカラムインデックスで指定した属性の順序とORDER BYで指定する属性の順序を一致させるというのがこの例です．例えば，属性a1, a2, a3の順で指定して作成したマルチカラムインデックスがある場合，

```
ORDER BY a1, a3, a2
```

とするとマルチカラムインデックスが有効に利用されずソート処理が発生するので，

```
ORDER BY a1, a2, a3
```

と指定するようにSQL文を修正するのです．一般に，ORDER BY で指定する属性にはインデックスを付けたほうがよいのですが，更新性能が劣化し，余分な格納領域も必要となるので注意が必要です．

結合（ジョイン）のために指定する属性はインデックスの付いた属性にします．逆にいうと，結合に使用する属性にはインデックスを付けます．これにより，結合処理の性能が向上し，全体の性能向上につながります．

更新系の操作を行う場合はデータベースの一貫性を保持するためにロック（施錠）

を行うことがありますが，不必要なロックを行うと性能が劣化するので，不必要なロックは行いません．例えば，不必要にトランザクション終了までロックを引き延ばすという書き方です．ただし，これはあくまでも不必要なロックであり，必要なロックは必ず掛けなければならないのは当然です．

(2) データベース管理システムに応じた変更

リレーションのタプル数といった統計情報を利用して問い合わせの最適化を行うデータベース管理システムでは，統計情報の更新のためのSQL文が用意されています．例えば，UPDATE STATISTICS文やANALYZE文です．このような場合は，これらの文を実行することで性能が格段に向上することがあります．

データベース管理システムによっては，SQL文の書き方で性能が異なることもあります．例えば，PostgreSQLでは，EXISTS述語を使用するほうがIN述語を使用するよりも性能がよいことがあります．また，通常のデータベース管理システムでは，問い合わせ最適化により，SELECT文のFROM句で指定したリレーションの順序による性能の差はありませんが，十分な問い合わせ最適化を行わないデータベース管理システムではリレーションの結合の順序によって性能が変化するので注意が必要です．一般には，タプル数の少ないリレーションをもとにしたり，絞込み効果の高いものを先に結合したりするほうが性能は向上します．

また，データベース管理システムによっては，システム領域からユーザ領域へのデータ転送で工夫しているものもあります．例えば，リレーションの属性を，通常は属性ごとにシステム領域からユーザ領域へ転送するのですが，リレーションに可変長の属性やNULL可の属性がなく，SELECT文のSELECT節にリレーションの定義順で属性が指定されているような場合は，属性ごとではなくタプル全体を転送するものもあります．転送自体の処理は変わりませんが，制御が移動する分のオーバヘッドを減らすことができます．したがって，このような状況の場合，取り出す属性を数個減らすよりもむしろ全属性を取り出したほうが速いということもあります．

以上のような点はデータベース管理システムによって異なるので注意が必要です．

6.3.3 システム・パラメータ

データベース管理システムの一般的なシステム・パラメータについて概説します．

(1) ブロック（ページ）サイズ

システム（データベース管理システム）によってはブロック（ページ）の概念を用いて物理記憶を実現しているものがあります．ブロックとは固定長のバイト列であり，これを単位として入出力を行います．通常は，8KBや4KBです．そして，システムによってはブロックサイズを変更できるものがあります．例えば，Oracleではブロックサイズをデータベース作成時に設定できます．PostgreSQLでは，システムのコンパイル時にヘッダファイル中のブロックサイズの値を修正することでブロックサイズを変更できます．このような場合，業務に応じてブロックサイズを変更することで性能を向上させることができる場合があります．しかし，ブロックサイズは，データ管理上大変重要なパラメータであり，いったん設定したら変更できませんので，設定に当たっては十分な注意が必要です．

以下に，ブロックサイズとその長所短所を示します．ブロックサイズが4KBと16KBの場合は，それぞれの上下の，長所短所の中間と考えてよいでしょう．

- **小容量**（2KB）
  ブロック単位でロックが掛かるようなシステムにおいて多数のトランザクションが動作する場合，ブロックの競合が減少し，高スループットを得ることができます．また，ランダムアクセスが多い場合に有利です．
  ただし，I/Oの回数が多くなり，そのオーバヘッドが大きくなるという欠点があります．
- **中容量**（8KB）
  多くのデータベース管理システムでデフォルトとなっているサイズです．通常の業務ではこのサイズが適当でしょう．
- **大容量**（32KB）
  シーケンシャルサーチが多く生ずる場合はI/O回数を減らすことができます．また，1タプルの長さが長い場合はブロックサイズを大きくせざるをえません．

通常は，ブロックの競合が頻発するため，高いスループットを得ることは難しくなります．例えば，TPC-Wの商品リレーションのタプル長は約860バイトですが，ブロックサイズが8KBの場合，1ブロックに9タプルしか格納できません．逆に，クレジットカード決済リレーションのタプル長は約80バイトなので，1ブロックに約100タプル格納できます．ブロックサイズが適当か否かは，どういう業務を行うかによるので，業務をよく分析して決定することが必要です．

(2) バッファ面数

データベース管理システムがデータのバッファリング（キャッシュ）に使用する領域の大きさです．ディスク上のブロックは，通常，まずバッファ上に読み込まれます．この後，ブロック中のデータ（タプル）が取り出され，必要に応じて様々な処理が施されます．同一ブロックを多数回アクセスするような場合，そのブロックがバッファ上にあればディスクにアクセスせずにそのブロックにアクセスできるので性能向上が期待できます．通常バッファサイズはブロックサイズと同じなので，「ブロックサイズ×バッファ面数」が実際のバッファサイズとなります．バッファに空きがない場合は，適当な方法で再アクセスの可能性が最も低いブロックを選択し，そのブロックを新たなブロック用に使用します．したがって，十分な大きさのバッファがないとディスクアクセスが頻繁に発生し，重大な性能問題が発生することがあります．したがって，よく使用されるリレーションが全て収まる程度の大きさのバッファを用意しておく必要があります．

バッファにはデータが格納されているブロックが読み込まれるのですが，システムによっては同一のバッファ上にインデックス用のブロックが読み込まれることもあります．一方，インデックス用のバッファを別に用意しているシステムもあります．また，このほかにも，カーソル情報やストアード・プロシージャやコンパイルドSQLのような，システムが使用する情報のためのメモリ領域も考慮する必要がある場合もあります．

(3) ログ・バッファサイズ

ログ用のバッファの大きさです．ログは，通常，ログ通番，トランザクション番号，処理種別，ならびに，処理が値の更新の場合はその処理対象や更新前の値と更新後の値の片方もしくは両方から構成されます．このログは論理ログとも呼ばれます．このログがログ・バッファに格納されます．ログ・バッファのサイズの目安は，「ログレコード長×最大タプル数×同時実行数」です．ログ・バッファが小さすぎると，更新処理中にログ・バッファのファイルへの書き込みが頻発し，性能劣化の原因となります．

(4) ソート領域サイズ

例えば，ORDER BY句で指定されたデータがソートされて得られない場合に，システムはデータをソートする必要があります．このソートに利用される領域が「ソート領域サイズ」です．ソート領域は，結合処理やインデックス作成処理にも使用されることがあります．ソート対象のデータ全体が載るだけの領域がない場合，一時ファイルに書き出しながらソート処理を行う必要があるので，性能上の問題が発生することがあります．ただし，通常，ソート領域は（ユーザ）プロセスごとに取られるので，不必要に大きい領域を用意すると，メモリ不足に陥りスワップが発生し，深刻な性能劣化の原因になるので注意が必要です．

(5) ジョイン領域サイズ

システムによっては，結合処理に利用する領域を用意している場合もあります．そのようなシステムではこの領域を大きくすることで結合処理の性能を向上できる可能性があります．

6.3.4　業務に応じたデータベース・パラメータの設定

(1) 情報検索

情報検索系の業務は検索が中心です．したがって，トランザクションの競合にあまり気を使うことはありません．また，アクセスもランダムアクセスなので，バッファにヒットする確率も低くなりがちです．この種の業務では，データというよりも，インデックスのメモリ常駐に気を使うべきです．検索時に，インデックス用のブロックのロードやスワップアウトが生じると性能が悪くなるからです．

(2) オンライン・トランザクション処理

オンライン・トランザクション処理系の業務では，メモリ管理がとくに重要です．まず，十分な大きさのバッファを用意し，必要なデータはメモリからスワップアウトされないようにします．また，更新処理を伴うので，ログ・バッファのサイズにも十分注意する必要があります．インデックスも必要最小限に留めなければなりません．場合によっては，ブロックサイズを小さくするのも効果があります．

(3) 受注管理業務

受注管理業務もおおむねオンライン・トランザクション処理と似た傾向があります．すなわち，メモリ管理とログバッファのサイズに気をつける必要があります．また，検索要求もかなりあるので，適切なインデックスを付けることも重要です．

(4) 意思決定支援

意思決定支援系の業務では，多数のリレーションの結合が行われ，検索条件も多様で，しかも，様々なグループ化や順序化が行われます．これらは定型的なものでないことが多いので，これらの問い合わせに対処できるようなB^+木インデックスを作成しておくことは不可能です．また，可能であるとしても，インデックスが多すぎて使用に耐えなくなります．したがって，問い合わせ時にソートや結合が頻発することを考慮して，ソート領域やジョイン領域のサイズを大きくしておくことが必要です．

第7章

オブジェクト指向データベース

関係データベースの欠点／オブジェクト指向とは／UniSQL

関係モデルよりも複雑なデータ構造を素直に表現でき，効率よく操作できるのがオブジェクト指向モデルであり,このオブジェクト指向モデルを取り入れたデータベースがオブジェクト指向データベースです．この章では，オブジェクト指向の考え方とオブジェクト指向データベース・システムの基本事項について述べた後，UniSQLというオブジェクト指向データベース・システムを例に，オブジェクト指向データベースの定義と操作の実際を説明します．

2.1節で述べたように，関係データベースではデータに内在する論理構造をテーブルというごく単純な構造で表現します．ビジネス分野のアプリケーションでは，帳票に見られるように，複雑な構造を有することはそれほど多くはありません．したがって，このような単純な構造であっても，論理構造を表現するのにギャップは少ないといえます．また，求められる操作も定型的であり，関係データベースの諸操作で十分簡明に記述することができます．しかし，複雑な論理構造を内包し，かつ高度な処理が要求されるような分野，たとえばCAD，エンジニアリング・アプリケーション，科学技術アプリケーションなどの分野へもデータベースの適用範囲が広がっている現在，単純平明な関係データモデルの欠点が目立つようになってきています．

関係データベースに続いて，広く認知されつつあるデータベースとして，最近のオブジェクト指向技術を取り込んだオブジェクト指向データベースがあります．**関係モデルに比べて，複雑なデータの構造をより素直に直接に表現でき，オブジェクト指向の枠組みにより，わかりやすくまた効率よく操作できます**．この章では，オブジェクト指向データベースの基本事項について述べます．

7.1 関係データベースの欠点

図7.1のような有向グラフの構造を関係データベースで表現することを考えましょう.

節点集合と有向辺集合に分けて考えると，それぞれの集合を**図7.2**に示すような関係（テーブル）で表現することができます．テーブルvは節点の情報を格納し，テーブルeは**有向辺**の情報を格納します．この例から，**図7.1**のような，やや複雑な二次元構造を関係データベースで表現することの主な欠点をあげると，以下のようなものがあります.

(a) 表現力の不足

図7.1の表現と**図7.2**の関係データベースによる表現は大きくかけ離れています．すなわち，ユーザは**図7.2**の二つの関係表現をつきあわせて，本来の論理構造である有向グラフ表現に自ら写像して考える必要があります.逆に有向グラフ表現において，構造の修正（たとえば，新たな節点とそれに関連する有向辺が追加されたなど）があった場合，正しくその修正を関係表現に反映する必要があります．軽微な修正でも表現距離が大きいため慎重に行わないとミスを犯しやすいといえます．たとえば，**図7.1**において，値20の節点が削除されたならば，対応する削除を**図7.2**の関係表現で行うのは煩わしいものです．ユーザとしては**図7.1**の論理構造をより直接に表現し操作することが可能なデータモデルが望まれます.

(b) キーカラム付与の必要性

2.1.2節でも述べたようにテーブル中のレコードを一意的に識別するためにはキーとなるカラムが必要です．結合操作により，他のテーブルTのデータを参照する場合には，このキーカラムに対応するTの外部キーを介して行われます（テーブルvのキ

図7.1　有向グラフ

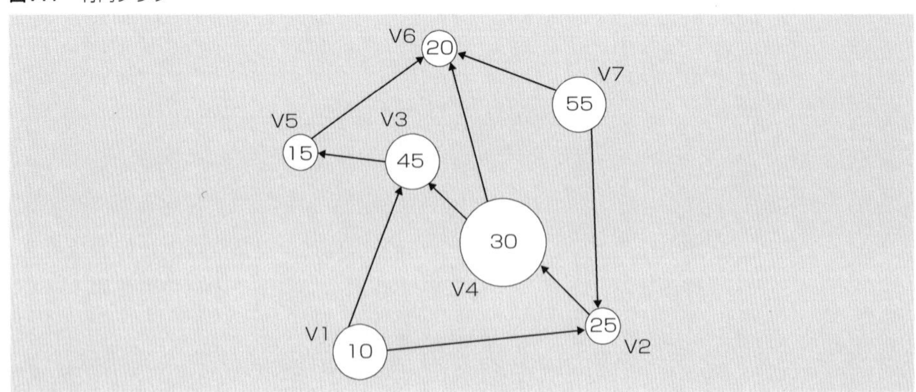

有向グラフ
グラフには，辺に向きのついているものと，ついていないものがある．向きのあるグラフを有向グラフという.

図7.2 図7.1の有向グラフの関係表現

テーブルv

識別番号	半径	値	位置x	位置y
v1	2.0	10	0.0	0.0
v2	1.0	25	4.5	0.8
v3	2.0	45	1.0	4.0
v4	3.0	30	2.8	2.5
v5	1.0	15	−1.0	4.3
v6	1.0	20	1.5	6.0
v7	2.0	55	4.3	5.2

テーブルe

始点	終点
v1	v2
v1	v3
v2	v4
v3	v5
v4	v3
v4	v6
v5	v6
v7	v2
v7	v6

ーは“識別番号”であり，これに対するテーブルeの外部キーは“始点”および“終点”です）．多くの場合，このキーはレコードの識別や結合操作のために人工的に与えられたものであり，本来の実体データにとって本質的なものではありません．逆にこれらのキーや外部キーは実体データの論理構造を表現しているともいえるのですが，不自然で間接的な表現であり，非常にわかりにくくなります．

(c) 結合演算

すでに述べたように,結合演算はデータベース中の複数のテーブルを組み合わせて，そこから得られる有用な情報を引き出そうとする演算です．結合演算は関係データモデルを他のデータモデルと区別する，もっとも重要な特徴の一つですが，これを実行するのに必要なシステムのコストは非常に高くなります．FROM句において，二つのテーブルA，Bが指定されているとき，結合演算はA，Bをレコード集合と見なし，システム内部でAとBの直積A×Bを生成し，WHERE句で指定されている結合条件に適合するかどうかをA×Bの各レコードについて調べる必要があります．多くの研究がこの結合演算のコスト低減のために行われてきており，専用のハードウエアを投入して結合演算を行うものもいくつか提案されています．また，結合演算はキーと外部キーで表現されるテーブル間の構造を実際にたどる操作であるといえるのですが,“たどる”という感覚は持ち難く，直感的にわかりにくいといえます．

たとえば，**図7.1**において，

“v1の節点から有向辺を2回たどって到達できる節点の位置とその値を検索せよ”

といった検索要求に対して，SQLでは，ユーザはつぎのように三つのテーブルの結合演算を行う必要があります．なお，ここではテーブルe同士の結合演算が必要ですが,同じテーブルeを二つの命名e1，e2で取り扱っています（自己結合：2.2.1節の（c）項参照）．また，"DISTINCT"の指定は結果のレコード集合において重複するレコードはただ一つだけ出力するようにする指定です.

```
SELECT  DISTINCT v.位置x, v.位置y, v.値
FROM    e e1,e e2,v
WHERE   e1.始点 = 'v1' AND e1.終点 = e2.始点 AND e2.終点 = v.識別番号
```

これを見てもわかるように，煩雑でわかりにくい印象です．また，三つのテーブルe1，e2，vを対象として二つの結合演算 "e1.終点 = e2.始点" および "e2.終点 = v.識別番号" を含むので，実行効率が大変悪くなります．**図7.1**の有向グラフ構造でv1の節点を基点として有向辺を直接たどる操作が提供されていれば，はるかにわかりやすく，実行効率も高いと考えられます．

(d) ホスト言語との親和性

2.3節 でも述べたように SQL は宣言的な言語であり，Pascal や C のような従来型言語のように，検索の手続きをプログラミングする必要がありません．したがって，埋め込み型SQLを使ったアプリケーションの場合には宣言的なプログラミングと手続き的なプログラミングの方法論が混在することになります．さらに，データ操作の基本単位がSQLの場合にはテーブル（レコード集合）であるのに対して，従来の手続き型言語の場合にはもっと小さな単位であるレコードやデータ項目のレベルであるといえます．これらのプログラミング方法論の違いやデータ操作の基本単位の違いによるSQLとホスト言語の親和性のなさは，通常インピーダンス・ミスマッチと呼ばれていることを**2.6**節ですでに述べました．このミスマッチを緩和するために，埋め込み型SQLでは「カーソル」機能が提供されています．**2.6**節で述べたように，カーソル機能により検索結果のレコード集合が1レコードずつ逐次取り出され，ホスト言語においてレコード単位に処理されます．

7.2 オブジェクト指向とは

すでに，1.4.4節においてオブジェクト指向モデルの基本的な考え方について述べました．「**オブジェクト**」とは「**データとそれを操作する手続きを一体化したもの**」であり，オブジェクトのデータはこのオブジェクト内部の手続きによってのみ，その値が変更され得ること，また，この手続きはオブジェクト外部からのメッセージによって起動されることを説明しました．FORTRANやCなどの従来の手続き型言語では，このようなオブジェクトの概念はありません．これらの言語においては，とくにグローバル変数などは，多くのサブルーチンや関数によって，誤って改変される危険にさらされており，それによるバグはとくに発見されにくいものです．オブジェクトの場合，データにアクセスできる手続きはオブジェクト内の手続きのみであり，この手続

きの正当性が保証されているかぎり，データが不当な値をとることはありません．このような考え方を含め，オブジェクト指向の考え方の中心をなすものとして，つぎの三つをあげることができます．

7.2.1 抽象データ型（abstract data type）

上で述べたオブジェクトの性質をデータ型として実現するものです．「これとこれは共通の性質を持っていたり，いずれもある特定の目的に必要なデータだからそれを操作する手続きと共に一緒にまとめておこう」と思うものをクラスとして定義します．このクラスはあくまでもデータ型であり，整数型や文字列型などのデータ型と本質的に変わりません．すなわち，整数型は整数値の集合として考えることができるように，クラスはその定義内容にしたがった値としてのオブジェクトの集合と考えることができます．このクラスのオブジェクトはとくに**インスタンス**と呼ばれます．また，オブジェクト内のデータは一般に**アトリビュート**（属性），手続きは**メソッド**と呼ばれます．**図7.3**に**図7.1**の有向グラフに対するC++によるクラスの宣言を示します．プログラムづらは若干複雑ですが，論理的にはきわめて明快であり，オブジェクト指向の主な考え方をよく表しています．

クラスcircleは**図7.1**の節点を表しており，円の半径と値（および，つぎの7.2.2節で述べる継承属性として，位置 <x, y>）を含みます．これらは基本的にはcircle型のインスタンスに隠蔽されており，その外部からたとえば，

```
(circle型のインスタンス).value = 25;
```

のように直接更新することはできません．公開メソッドとして提供されているメソッドset_value（）を通してのみ，つぎのように変更することができます．

```
(circle型のインスタンス). set_value (25) ;
```

図7.3 図7.1の有向グラフに対するC++クラス宣言（次ページへつづく）

```
class location {
   float x;                                    // x-座標
   float y;                                    // y-座標

public:
   location(float x_pos, float y_pos) {   // コンストラクタ：位置の設定
      x = x_pos;
```

図7.3 図7.1の有向グラフに対するC++クラス宣言（つづき）

```
      y = y_pos;
   }
   float get_x() {                        // x-座標を返す
     return x;
   }
   float get_y() {                        // y-座標を返す
     return y;
   }
};

class circle : public location {          // クラス location を継承
   float radius;                          // 節点の半径
   int   value;                           // 節点の値

public:
   // コンストラクタ：基本クラス location のコンストラクタに節点の位置を渡す.
   circle(float rad, int val, float x_position, float y_position):
                                         location(x_position, y_position)
   {                                      // 半径と値のセット
      radius = rad;
      value = val;
   }
   float get_radius() {                   // 節点の半径を返す
      return radius;
   }
   void set_radius(int rad) {             // 節点の半径をセット
      radius = rad;
   }
   int get_value() {                      // 節点の値を返す
      return value;
   }
   void set_value(int data) {             // 節点の値をセット
      value = data;
   }
};

class network : public circle {
   network *arcs[5];                      // 有向辺集合（networkオブジェクトへの
                                               ポインタ集合）
public:
   // コンストラクタ：基本クラス circle のコンストラクタに節点の半径, 値, 位置
   // を渡し, 有向辺集合をNULLポインタに初期化

   network(float rad, int val, float x_position, float y_position) :
                                   circle(rad, val, x_position, y_position)
   {
      int i;

      for (i=0; i<5; i++) arcs[i] = NULL;
   }
   void set_nexts(network **nexts) {      // 有向辺集合を引数として受け取りセット
      int i;

      for (i=0; nexts[i] != NULL; i++) arcs[i] = nexts[i];
      arcs[i] = NULL;
   }
   network **get_nexts() {                // 有向辺集合の格納番地を返す
      return arcs;
   }
};
```

7.2.2 継承（inheritance）

図7.3のクラスlocationは節点の位置を表現します．節点の形状は円ですが，正方形や菱形の場合にも，その位置は共通に必要な属性です．そこで，形状によらない共通の属性を抽象化して，節点の位置データをクラスlocationに独立させています．クラスcircleはこのlocationクラスの属性やメソッドを受け継いでいます．あるいは，逆の見方として，クラス locationを"半径"や"値"の属性を付加することによりさらに具体化したものがクラスcircleであるともいえます．他の形状の節点を表すクラスとクラスlocationの関係も全く同じように扱うことができます．一般にあるクラスBがクラスAの属性やメソッドをこの例のように受け継ぐことを継承といいます．このとき，クラスBはクラスAを継承する，またはクラスBはクラスAの**サブクラス**（subclass）または**派生クラス**（derived class）であるといいます．また，逆にクラスAはクラスBのスーパークラス（super class）または**基本クラス**（base class）といいます．

7.2.3 複合オブジェクト（complex object）

図7.3のクラスlocationやクラスcircleはintやfloatなどの単純なデータ型の属性のみを包含しています．すなわち，これらの属性はそれ以上の構造データを含みません．**属性をテーブルのカラムに対応させれば，これらのクラスのインスタンスは関係データベースのテーブルのレコードに対応し，インスタンスの集合としてのクラスはメソッドを考えず属性のみに注目すれば，テーブルに相当する**といえます．これらのクラスに対して，クラスnetworkは属性として，単純型でない他のクラスcircleや自分自身のクラスnetworkへの参照ポインタの配列を含んでおり，比較的複雑な内部構造を有しています．このように，属性として他の単純型でないクラスのオブジェクトあるいはそれへの参照ポインタを含むようなオブジェクトを**複合オブジェクト**といいます．クラスnetworkの属性edgesはnetworkのオブジェクトへの参照ポインタの配列であり，これはその節点から出ている有向辺の集合に対応します．“比較的複雑な内部構造”といっても，**図7.1**の有向グラフ構造の複雑さを超える複雑さではありません．

関係データモデルでは**7.1**節（**a**）で述べたように表現力が不足していますが，この例で見るようにオブジェクト指向では，実体データの構造をじかに表現するための仕組みは複合オブジェクトが扱えることによっています．

なお，**図7.3**の各C++クラス間の関係は**図7.4**で表されます．

7.2.4 オブジェクト識別性（object identity）

一般にオブジェクト指向システムでは，生成された数多くのオブジェクトがシステム内に存在します．オブジェクトにアクセスして処理するためには，数多くのオブジェクトの中からそのオブジェクトを一意的に識別する必要があります．オブジェクト識別性とは**オブジェクトID**（object identifier）を使ってオブジェクトの実体を参照できることをいいます．このために，一つのオブジェクトの実体に対して唯一のオブジ

図7.4　図7.3の各C++クラス間の関係

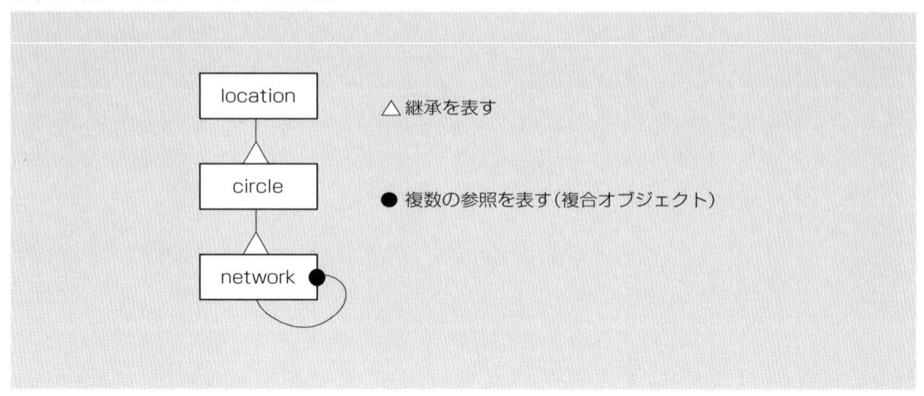

ェクトIDが付与されており，かつ同じオブジェクトIDが複数のオブジェクトの実体に付与されることはありません．通常，オブジェクトIDはユーザが割り振るのではなく，オブジェクトが生成されるたびにシステムが一元的に割り当て，一意性を保証します．C++プログラミング・システムではこのオブジェクトIDはそのオブジェクトが通常，占めるメモリ領域へのポインタです．オブジェクト指向データベース・システムの場合には，DBMSが生成順の番号を付与します．この番号とオブジェクトが格納される二次記憶中の位置の対応表がDBMSによって管理されます．また，このような対応表を持たず，オブジェクトID 自身がこのような位置情報を担っている場合があります．

この場合のオブジェクトのアクセスは高速ですが，なんらかの都合でオブジェクトの移動による位置の変更があったときにはそのオブジェクトへの参照をすべて変更しなければなりません．逆に対応表による管理の場合には，表の間接参照によるオーバヘッドは大きいですが，オブジェクト移動に対しては表の書き換えのみで対処できます（**図7.5**）．

図7.5　オブジェクトIDによるオブジェクト参照

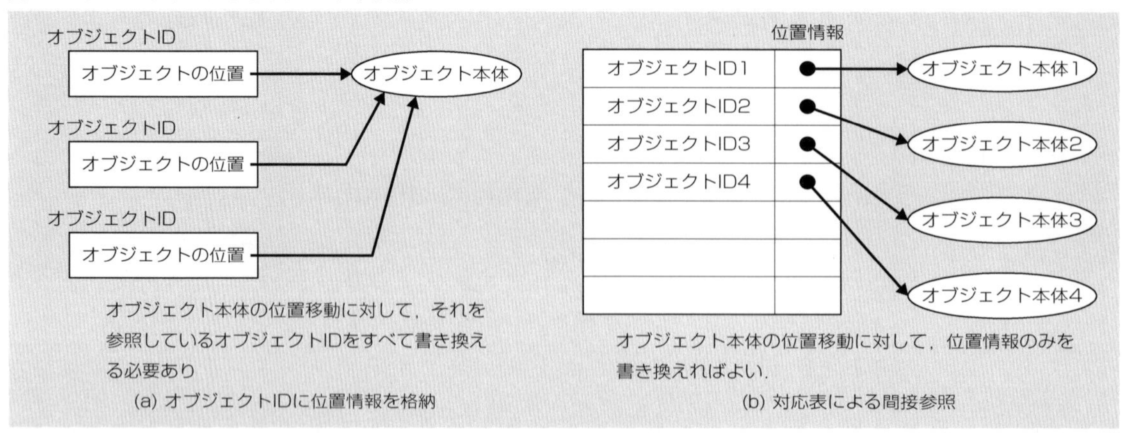

7.3 オブジェクト指向データベース

前節ではオブジェクト指向の基本的な考え方について説明しました．オブジェクト指向データベースとは，一般に，データの記述や操作にオブジェクト指向の概念を取り入れたデータベースであるといえ，したがって，オブジェクト指向の利点があります[8][9]．オブジェクト指向プログラミング言語におけるオブジェクトは基本的には主メモリ上に確保され，プログラムの実行終了と共に消滅します．他のユーザやプログラマにとっても有用なオブジェクトの集合を共用して，データベースとして使用する場合には，プログラム実行期間のみの寿命ではなく，二次記憶中に格納される永続オブジェクト集合とする必要があります．Versant, ObjectStore, UniSQL など既存の多くの商用のオブジェクト指向データベース・システムは，基本的にはオブジェクト指向プログラミング言語であるC++のオブジェクトを二次記憶中に永続化し，それに対して，トランザクション管理や障害回復などのデータベース・システムとしての機能をドッキングさせたものであるということができます．したがって，多くのC++のオブジェクト指向機能が二次記憶上のデータベース中のオブジェクトに対して，適用することができます．

この節では，**7.1**節で述べた関係データベースの欠点がオブジェクト指向データベースにおいて，どのように克服されているかを説明することによりオブジェクト指向データベースの基本的な特性を明らかにします．

(a) 強力で自然なデータ表現とモデル化能力

オブジェクト指向データベースのデータ表現能力の向上に関与する機能は，主に複合オブジェクトと継承および抽象データ型の機能です．オブジェクトは自分に関連する他のオブジェクトを属性として内包したり，参照したりすることができます．この**内包・参照**の関係は再帰的に定義でき，実体データの複雑な論理構造をほとんどひずみなく表現できます．また，現実界には，たとえば，会社組織の例のように，人－平社員－係長－部長－専務－社長のように抽象度の階層性によりモデル化できる場合が数多く存在します．より抽象度が高く，共通性の高いオブジェクトのクラスを継承することにより，強力で簡素なデータ表現が可能であるといえます．

抽象データ型によるカプセル化もまたモデル化能力を高めています．外部からその詳細を知ったり，さわったりする必要のないデータはオブジェクト内部に隠蔽することにより，抽象度をより高め，かつデータの一貫性を保証しています．

(b) オブジェクト識別性

関係データベースの場合には，オブジェクト（レコード）を一意的に識別するものは主キーであり，この主キーの値はレコード中の特定のカラムでした．主キーはシス

図7.6 有向グラフ構造の巡航操作

```
#include <iostream.h>

main() {
   network **ptr, **ptr1;      // 巡航用ポインタ
   network *v1;

   v1 = construct_graph();     // 図5.1のグラフを作成し節点 v1 へのポインタを返す
   ptr = v1->get_nexts();     // 節点 v1 から出ているの有向辺集合を求める
   while(*ptr) {               // v1 から出るすべての有向辺をたどる
      ptr1= (*ptr)->get_nexts();     // v1の有向辺が指す節点から出る有向辺集合
      while(*ptr1) {                 // 各節点から出るすべての有向辺をたどる
        cout << "(" << (*ptr1)->get_x() << "," << (*ptr1)->get_y() << ") -> "
             << (*ptr1)->get_value() << "\n";          // 必要情報の出力
        ptr1++;                      // つぎの有向辺をセット
      }
      ptr++;                         // つぎの有向辺をセット
   }
}
```

テムがその値を割り振るのではなく，ユーザがレコードを唯一に識別できるように一意性を保証しながらその値を決めるものです．もし，このような適当なキーカラムが見つからない場合には，無理にレコードの通し番号のようなものを付け，それをレコードの一部として含ませる必要があることを**7.1**節（**b**）において述べましたが，オブジェクト指向モデルの場合にはシステムが自動的に割り振ってくれ，しかもそれがオブジェクトの一部としてではなく，オブジェクトに付随するものとして，識別に寄与しているので不自然さはありません．

（c）巡航的なデータ操作

オブジェクト指向データベースにおけるデータ操作はオブジェクトIDをたどることにより，構造にそって巡航的（navigational）に操作できます．したがって，関係データベースにおけるように，主キーと外部キーによる実行コストの高い結合操作は不要であり，実行効率も格段に高くなります．巡航的な操作であるために，関係データベースのように宣言的ではなく，逆に手続き的であるといえます．**7.1**節（**c**）における検索要求を**図7.3**のメインプログラムとして**図7.6**に記します．オブジェクトIDはそのオブジェクトへのポインタです．これを見てわかるように，オブジェクトIDにより，有向辺を実際に2回たどることによって，検索要求のデータを取り出し，出力しています．結合演算におけるような冗長なレコードの内部生成とチェックは不要です．

（d）ホスト言語との親和性

オブジェクト指向データベース（OODB）の操作は巡航的であるために手続き型のホスト言語との親和性は高く，関係データベースの場合に問題となったインピーダン

ス・ミスマッチはとくに問題とはなりません．ただし，多くの商用のOODBの場合，SQL準拠ということがユーザ獲得を考えた場合に必須の条件であり，ほとんどの場合，埋め込み型のSQLインターフェースを備えています．このために，ホスト言語との間のデータ授受は必要です．

7.4 オブジェクト指向データベースの実際

ここではオブジェクト指向データベース・システムを使ってオブジェクト指向データベースの定義と操作の実際を例題のプログラムについて説明します．使用するオブジェクト指向データベース・システムはUNISQL社が開発したUNISQL/X [11] [12] であり，UNIX上で動作するバージョンです．UNISQL/XはSQL準拠のインターフェースと機能を備えており，かつオブジェクト指向特有の機能についても，SQLに親和性の高い構文を提供しています．

7.4.1 動作モード

UNISQLはクライアント／サーバ・モード，またはスタンドアローン・モードのいずれかで動作します．

▶クライアント／サーバ・モード

単一のデータベースを複数のクライアントが同時に接続して使用する場合のモードです．このモードの場合にはデータベースごとに，一つのマルチスレッド・サーバが存在します．このモードではつぎの三つのプロセスが動作します．

（i）クライアントプロセス

ユーザのデータベース・アプリケーション，SQLコマンド・インタプリタ（SQL/X），各種ユーティリティ・プログラムなどです．メソッドの定義と実行を行います．

（ii）サーバプロセス

データベースそのものを管理し，クライアントからの接続要求のたびに新たなスレッドを生成し，クライアントの要求を処理します．一つのマシン内で複数のサーバプロセスが動作してもかまいません．

（iii）マスタープロセス

クライアントがサーバプロセスに接続を要求する際に起動され，要求されているサーバプロセスを同定し，クライアントとの通信路を確保します．

▶スタンドアローン・モード

クライアントがデータベースを専有して排他利用を行う際のモードです．データベース全体にロックがかけられ，他のクライアントは使用できません．データベースのバックアップなどのシステム保守のためのユーティリティを実行するときに必要なモードです．

7.4.2 ユーザインターフェース

クライアントがUNISQL/Xのサーバと交信して，データベース処理を行うためには，つぎの三つの方法があります．

（i）コマンドライン方式のプロセッサSQL/Xを使って，対話的に処理を行います．UNISQL/Xのコマンド列を格納したファイルを起動時に指定することによりバッチ的な処理も可能です．
（ii）SQL/X文を埋め込んだCプログラム・アプリケーションを作成した後，プリプロセッサESQL/Xを使って，C言語のみのプログラムに変換します．C言語の他，C++やJavaに対する埋め込み型インターフェースを備えています．
（iii）UNISQL/Xが提供している言語向けのAPI（Application Interface）ライブラリ関数を（ii）における言語のプログラム中で呼び出します．

7.4.3 データベースの作成

データベースはユーティリティ・コマンドcreatedbで作成されます．たとえば，

```
% createdb -G500 -f /users/unisql/sampledb smpdb
```

とすれば，データベース本体の大きさが500ディスクページであるデータベースsmpdbが作成されます．smpdbを構成するファイル群がディレクトリ/users/unisql/sampledbに作成されます．このファイル群には

- データベース本体の格納ファイル
- メタデータの管理を行うためのシステムカタログ
- データベースに対する変更履歴を保存するログファイル
- バックアップファイル

などが含まれます．このうち，バックアップファイルにはデータベースのスナップショット（ある時点でのデータベース・データ）の格納に使われます．また，バックアップファイルには，まだコミットされていない交信データや，コミットされてもまだシステムカタログに反映されていない更新が含まれることがあります．このバックアップファイルとログファイルを使用して，ロールバック処理やシステム障害に対するリカバリ処理が行われます．

createdbコマンドはデータベースの論理名とその物理位置（ホストマシン名とパス

名:/users/unisql/sampledb）をバインドします．このバインディングは環境変数$UNISQLX_DATABASESに示されるファイル・ディレクトリに作成されるデータベース・ディレクトリordblist.txtに登録されます．データベース操作時の対象データベースの同定にはこの論理名のみを指定すればよいのです．

7.4.4 サーバプロセスの起動と停止

クライアント／サーバ・モードで動作させる場合には，データベース処理を行う前にそのデータベース専用のサーバプロセスをバックグラウンドで起動しておく必要があります．これには，

```
% start_server <データベース名>
```

とします．start_serverはシェルスクリプトであり，マスタープロセスの起動を行った後，サーバプロセスを起動します．

```
% stop_server <データベース名>
```

により，サーバのシャットダウン処理を行います．start_serverおよびstop_server の起動には権限が必要です．

7.4.5 データベース・スキーマの作成

図7.7（a）のプログラムは講義の受講登録のためのデータベース・スキーマであり，五つのクラスDate0, Subject, Person, Staff, Studentが定義されています．スキーマの図式表現を**図7.7（b）**に示します．Subjectは科目名や受講者数のアトリビュートを持つほか，受講学生の情報をPersonクラスの集合アトリビュートとして持ちます．PersonはDate0クラスのアトリビュートを有します．Staff, Student はPersonクラスを継承しており，その固有のアトリビュートはそれぞれ，講義科目集合を表すSubjectクラスの集合，および学年を表すGradeです．

Subjectには学生の受講登録を行うメソッド Registrate（Student）が定義されています．これは，Registration アトリビュートの集合に学生を登録した後，受講学生数アトリビュートTotalをインクリメントします．また，PersonにはBirthDayアトリビュートと今日の日付から，年齢を計算して返すメソッド Age（Date0）のプロトタイプ が定義されています．しかし，いずれも定義の本体はこのスキーマでは記述されておらず，**図7.8**において，埋め込み型SQLの文を含むCプログラムの関数として与えられています．**図7.7**のスキーマではFUNCTION 文で指定される名前がCの関数名を表し，FILE句で指定される二つのパス名が，それぞれ関数を含む再配置可能ファイルと必要なライブラリのパス名を表します．

図7.7 受講登録データベース・スキーマ

```
CREATE  CLASS Date0(Day0   int,
                Month0 int,
                Year0  int);

CREATE  CLASS  Subject(Title string,
                Registration set(Student),
                Total int);
           METHOD Registrate(Student) int
           FUNCTION Registrate_Student
           FILE '/users/unisql/sampledb/smpdb_methods','$UNISQLX/lib/libesqlx';

CREATE  CLASS Person(Name     string,
                Address  string,
                BirthDay Date0)
          METHOD Age(Date0) int
          FUNCTION Return_Age
          FILE '/users/unisql/sampledb/smpdb_methods','$UNISQLX/lib/libesqlx';

CREATE  CLASS Staff under Person(Subjects set(Subject));

CREATE  CLASS Student under Person(Grade int);

COMMIT WORK;
```

(a) SQLによるスキーマ定義

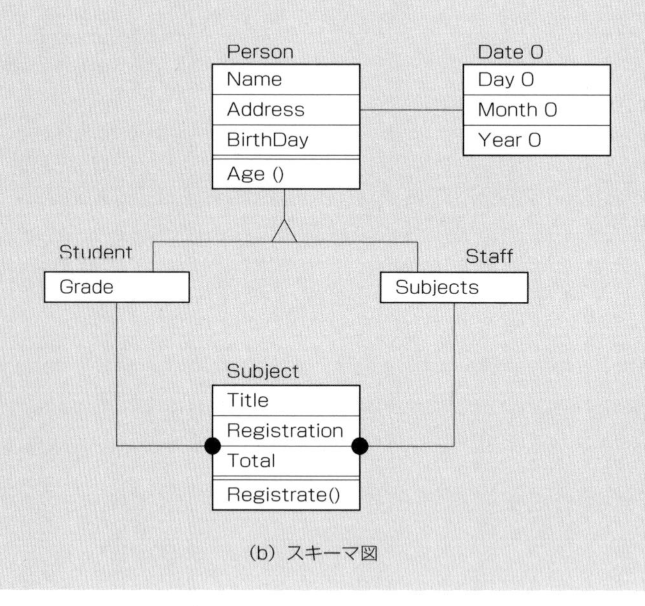

(b) スキーマ図

したがって，一般に，データベース・オブジェクトのデータはサーバから供給を受け，メソッドはクライアント側に登録されたCの関数で実行されることになります．そのため，クライアント／サーバ・モードで動作しており，複数のクライアントが同じデータベースに同時に接続して並行処理する場合にもサーバ側の負荷は過重になりません．このスキーマ・プログラムファイルをsmpdb.sqlとして，これを実行するにはsqlxプロセッサにより，

```
% sqlx -i smpdb.sql smpdb
```

とします．これにより，データベースsmpdbにスキーマが登録されることになります．smpdb.sqlの最後には，COMMIT WORK コマンドを発行して，定義内容を確定し，実際にsmpdbに反映しています．

クラスSubjectのメソッドRegistrate（）およびクラスPersonのメソッドAge（）の埋め込み型SQL文を含むC言語による定義は**図7.8**で与えられます．一般にメソッドに対応するC言語の関数は，

```
void <メソッド名>(<オブジェクトID>, <メソッド戻り値へのポインタ>,
<メソッドパラメータ1>, ........., <メソッドパラメータn>)
```

であり，<オブジェクトID>は，メソッドの実行対象であるオブジェクトのOIDであり，C言語では，DB_OBJECT型のポインタです．また，メソッドの戻り値はDB_VALUE構造体に格納され，2番目のパラメータにそれへのポインタを返す必要がありますが，関数の実際の戻り値はつねにvoidです．メソッドに与える入力パラメータは第3パラメータ以降に並べますが，その型はつねにDB_VALUE * です．DB_OBJECTやDB_VALUEはシステム定義の型です．ユーザアプリケーションのレベルではこれらの構造体のどの項目にもアクセスが不可能であり，システム定義のマクロや関数を呼び出す必要があります．

関数Registrate_Student（）では，第1パラメータにこのメソッドが定義されているSubjectクラスのインスタンスのOIDを受け取ります．システム定義マクロDB_GET_OBJECTにより，パラメータとして受け取ったStudentオブジェクトのOIDのオブジェクトの実体をデータベースから検索して，それへのポインタをCのポインタ変数Applierにセットしています．さらに，そのつぎのFETCH文ではパラメータとして受け取ったSubjectクラスのインスタンスのOIDのTotalアトリビュートを読み出して，Cの変数Totalにセットし，それをインクリメントしています．その後，UPDATE文により，SubjectインスタンスのTotalを更新し，Applierで参照されるStudentインスタンスをSubjectクラスの集合アトリビュートRegistrationに加えています．最後にシステム定義マクロDB_GET_INTEGERにより，戻り値を表すDB_VALUE構造体に整数値1をセットしています．

関数Return_Age（）では今日の日付をパラメータとして受け取り，StudentクラスのインスタンスのBirthDayアトリビュート（スーパークラスPersonのアトリビュート）の値を検索した後，満年齢を計算して，戻り値としてセットしています．

図7.8のプログラムファイルをsmpdb_methods.ec（.ecは埋め込み型SQLファイルの拡張子）とします．このプログラムは，ESQL/Xプロセッサesqlxを使って，

図7.8 メソッドの定義

```
#include <stdio.h>

void Registrate_Student(DB_OBJECT *object, DB_VALUE *return_arg, DB_VALUE *Ap_obj){

   EXEC SQLX BEGIN DECLARE SECTION;
      DB_OBJECT *obj  = object;
      DB_OBJECT *Applier;
      int Total;
   EXEC SQLX END DECLARE SECTION;

      Applier = DB_GET_OBJECT(Ap_obj);
      EXEC SQLX FETCH OBJECT :obj
                  on Total into :Total;

      Total++;

      EXEC SQLX UPDATE OBJECT :obj SET Total = :Total;
      EXEC SQLX UPDATE OBJECT :obj SET Registration = Registration + {:Applier};

      DB_MAKE_INTEGER(return_arg,1);
  }

void Return_Age(DB_OBJECT *object, DB_VALUE *return_arg, DB_VALUE *today_obj){

   EXEC SQLX BEGIN DECLARE SECTION;
      DB_OBJECT *obj = object;
      DB_OBJECT *Today;
      DB_OBJECT *BirthDay;
      int age;
      int Today_Year;
      int Today_Month;
      int Today_Day;
      int BirthDay_Year;
      int BirthDay_Month;
      int BirthDay_Day;
   EXEC SQLX END DECLARE SECTION;

      Today = DB_GET_OBJECT(today_obj);
      EXEC SQLX FETCH OBJECT :Today
          ON Year0,Month0,Day0 INTO :Today_Year,:Today_Month,:Today_Day;

      EXEC SQLX FETCH OBJECT :obj
          ON BirthDay INTO :BirthDay;

      EXEC SQLX FETCH OBJECT :BirthDay
          ON Year0,Month0,Day0 INTO :BirthDay_Year,:BirthDay_Month,:BirthDay_Day;

      age = Today_Year - BirthDay_Year;

      if ((Today_Month < BirthDay_Month) || (Today_Month == BirthDay_Month &&
      (Today_Day < BirthDay_Day))
          age--;

      DB_MAKE_INTEGER(return_arg,age);
}
```

```
% esqlx smpdb_methods.ec
```

とすれば，対応するC言語ソースファイル smpdb_methods.c に変換されます．このファイルは，たとえば，Sun Solaris OSの場合，さらに，Cコンパイラを使って，

図7.9 ;scコマンドによるクラススキーマの提示

```
sqlx> ;sc
=== <ヘルプ: 全てのクラス> ===
     date0
     subject
     person
     staff
     student

sqlx> ;sc subject
=== <ヘルプ: クラススキーマ> ===
 <クラス名>
     subject
 <属性>
     Title                  : character varying(1073741823)
     Total                  : integer
     Registration           : set_of(student)
 <メソッド>
     Registrate(student) integer function Registrate_Student
 <メソッドファイル>
     /users/unisql/sampledb/smpdb_methods
     $UNISQLX/lib/libesqlx

sqlx> ;sc person
=== <ヘルプ: クラススキーマ> ===
 <クラス名>
     person
 <サブクラス>
     staff
     student
 <属性>
     Name                   : character varying(1073741823)
     Address                : character varying(1073741823)
     BirthDay               : date0
 <メソッド>
     Age(date0) integer function return_Age
 <メソッドファイル>
     /users/unisql/sampledb/smpdb_methods
     $UNISQLX/lib/libesqlx

sqlx> ;sc student
=== <ヘルプ: クラススキーマ> ===
 <クラス名>
     student
 <スーパークラス>
     person
 <属性>
     Name                   : character varying(1073741823) (from person)
     Address                : character varying(1073741823) (from person)
     BirthDay               : date0 (from person)
     Grade                  : integer
 <メソッド>
     Age(date0) integer function return_Age(from person)
 <メソッドファイル>
     /users/unisql/sampledb/smpdb_methods (from person)
     $UNISQLX/lib/libesqlx (from person)
```

```
% cc -G smpdb_methods.c -o smpdb_methods.so (include file および library file の指定)
```

とすることにより，メソッドのシェアドライブラリ・コードファイルが得られます．

図7.10 データの登録（対話的）

```
-- Date0クラスのインスタンス生成
sqlx> INSERT INTO Date0(Day0,Month0,Year0)
VALUES(1,5,1973) TO :day_obj;
-- Studentクラスのインスタンス生成
sqlx > INSERT INTO Student(Name,Address,Grade,BirthDay)
VALUES('Masanori Harada','Kentoku Fukui',2,:day_obj) TO :student_obj;
-- Subjectクラスのインスタンス生成
sqlx > INSERT INTO Subject(Title,Registration,Total)
          VALUES('Computer Science',{NULL},0) TO :class_obj;
-- Registrateメソッドを呼んでRegistrationに登録
sqlx > CALL Registrate(:student_obj) ON :class_obj;

-- Date0クラスのインスタンス生成
sqlx > INSERT INTO Date0(Day0,Month0,Year0)
VALUES(18,10,1949) TO :day_obj;
-- Staffクラスのインスタンス生成
sqlx > INSERT INTO Staff(Name,Address,BirthDay,Classes0)
          VALUES('Tatsuo Tsuji','Kyoden Fukui',:day_obj,{:class_obj});

-- コミット
COMMIT WORK;
```

この中の関数はデータベース処理において，メソッドが呼ばれた場合には，動的にリンクされ，実行されます．

図7.9はsqlxのコマンド";sc"を使って，**図7.7**の受講登録データベースのスキーマのうちクラスSubject，クラスPerson，およびクラスStudentを提示しています．

7.4.6 インスタンス・データの作成とデータベースへの登録

すでに見たように，データベースの "入れ物" は createdb コマンドにより作成され，クラスの定義はCREATE CLASS文で行われます．データベースはクラスをそのインスタンスの集合と考えたときに，クラスの集合であるといえます．ここでは7.4.4節で定義したデータベースにデータ（クラスのインスタンス）を登録します．

まず，sqlxを使用して，データベースsmpdbに各クラスのインスタンスを登録しましょう（**図7.10**）．たとえば，

```
INSERT INTO Date0(Day0,Month0,Year0)
VALUES(1,5,1973) TO :day_obj
```

は，Date0クラスのインスタンスを作成し，その値を1973年5月1日として，二次記憶中のDate0クラスに格納します．TO 句の:day_objはsqlxの変数であり，この場合，インスタンスのオブジェクトID（OID）がセットされます．このOIDは，つぎのINSERTコマンドにおいて，Student クラスのインスタンスのBirthDayアトリビュートの値としてセットされています．Subject クラスのインスタンスのRegistrationアトリ

図7.11　データの登録（アプリケーション）

```
#include <stdio.h>

EXEC SQLX BEGIN DECLARE SECTION;

  DB_OBJECT *day_obj;
  DB_OBJECT *student_obj;
  DB_OBJECT *class_obj;

EXEC SQLX END DECLARE SECTION;

/* データベースの処理エラーのときは sql_error()関数へ飛び越し */
EXEC SQLX WHENEVER SQLERROR CALL sql_error;

main(int argc,char **argv){
    /* ランタイムルーチンを初期化 */
    uci_startup(argv[0]);
    /* データベース smpdb に接続 */
    EXEC SQLX CONNECT 'smpdb';

    /* Dateクラスのインスタンス生成 */
    EXEC SQLX INSERT INTO Date0(Day0,Month0,Year0)
VALUES(1,5,1973) TO :day_obj;
/* Studentクラスのインスタンス生成 */
 EXEC SQLX INSERT INTO Student(Name,Address,Grade,BirthDay)
VALUES('Masanori Harada','Fukui Pre.',2,:day_obj) TO :student_obj;
/* Subjectクラスのインスタンス生成 */
    EXEC SQLX INSERT INTO Subject(Title,Registration,Total)
           VALUES('Computer Science',{NULL},0) TO :class_obj;
    /* RegistrateメソッドをよんでインスタンスのOIDをRegistrationに登録 */
EXEC SQLX CALL Registrate(:student_obj) ON :class_obj;

    /* Date0クラスのインスタンス生成 */
    EXEC SQLX INSERT INTO Date0(Day0,Month0,Year0)
VALUES(18,10,1949) TO :day_obj;
    /* Staffクラスのインスタンス生成 */
    EXEC SQLX INSERT INTO Staff(Name,Address,BirthDay,Classes0)
           VALUES('Tatsuo Tsuji','Fukui Pre.',:day_obj,{:class_obj});

    /* コミット */
    EXEC SQLX COMMIT WORK;
    /* データベースの使用終了 */
    EXEC SQLX DISCONNECT;
}

static void sql_error(void) {
    /* エラーメッセージとエラー番号を表示 */
    fprintf(stderr, "ESQL error: \n");
    fprintf(stderr, "%s, line %d : %s (sqlcode = %d)\n", SQLFILE, SQLLINE, SQLERRMC, SQL-
CODE);
    /* 現在までの変更をロールバック */
    EXEC SQLX ROLLBACK WORK;
    /* データベースの使用終了 */
    EXEC SQLX DISCONNECT;
    exit(1);
}
```

ビュートは集合であり，空集合にセットされています．つづいて，INSERTコマンドで作成したStudentクラスのインスタンスのOIDをパラメータとして，Subjectのインスタンスメソッド Registrate（）をCALLコマンドにより呼び出しています．メソッドの実行により，集合アトリビュートRegistrationにこのOIDが登録されます．

ON句はメッセージのターゲットであるオブジェクトのOIDであり，この場合には，直前に登録したSubjectクラスのインスタンスのOIDです．

埋め込み型のSQLを使って，クラスのインスタンスを登録することもできます．このプログラムを**図7.11**に示します．WHENEVER句では，データベース処理中に何らかのエラーが起きたならば，指定された関数sql_error（）に飛び越すようにしています．割り込み駆動でエラー処理が行われるので，埋め込み型SQL文の実行のたびにエラーチェックする必要がありません．sql_error（）ではエラー箇所とエラーメッセージを表示した後，それまでのデータベースの変更をロールバックして終了しています．

7.4.7 データの問い合わせ

クラスのインスタンス・アトリビュートがすべて単純型である場合には，問い合わせや更新はすべて関係データベースのSQLに準じて行われます．たとえば，Date0クラスの検索は

```
sqlx > SELECT * FROM Date0
       WHERE Year0 > 1970
       ORDER BY Year0, Month0, Day0;
```

とすれば，登録されているDate0インスタンスが年月日の順に出力されます．また，StudentクラスはDate0クラスのインスタンスをBirthDayアトリビュートで参照しています．StudentクラスはDate0クラスのアトリビュートを含み，したがって，複合オブジェクト集合ですが，Studentクラスの検索について，

```
sqlx > SELECT * FROM  Student;
```

に対して，

```
  Name                   Address                BirthDay               Grade
==========================================================================
  'Masanori Harada'      'Kentoku Fukui'        date0                      3
  'Takeshi Horie'        'Horinomiya Fukui'     date0                      4
  'Hidetatsu Kawahara'   'Shimadohri Komatsu'   date0                      3
  'Naoko Sakamoto'       'Kitaku Nagoya'        date0                      4
  'Goro Yamanaka'        'Mizuho Komaki'        date0                      3
  'Noriyuki Suzuki'      'Kitago Katsuyama'     date0                      3
  'Seiji Yamaguchi'      'Sumiyoshi Sabae'      date0                      4
  'Toshiaki Tanaka'      'Yoshiza Yasuki'       date0                      4
```

と出力されます．BirthDay アトリビュートの値は，すべてdate0 となっていますが，これはDate0クラスのインスタンスのOIDであることを示しています．これらの内包されているインスタンスの値も含めて検索したいときには，**パス式**を指定します．パス式とは

```
クラス名.アトリビュート名1.アトリビュート名2.・・・，アトリビュート名n
```

のように，複合オブジェクトの入れ子オブジェクトのアトリビュートを指定する式です．

```
sqlx > SELECT Name, BirthDay.Year0, BirthDay.Month0, BirthDay.Day0
       FROM Student
       ORDER BY Name;
 Name                   BirthDay.Year0  BirthDay.Month0  BirthDay.Day0
======================================================================
  'Goro Yamanaka'                 1975                9             29
  'Hidetatsu Kawahara'            1976               12              7
  'Masanori Harada'               1977                5              1
  'Naoko Sakamoto'                1977                3              2
  'Noriyuki Suzuki'               1977               10             26
  'Seiji Yamaguchi'               1977                2              2
  'Takeshi Horie'                 1977                7             15
  'Toshiaki Tanaka'               1977                2              2
```

となります．入れ子オブジェクトのアトリビュート値をWHERE節の条件に指定して，クラスの検索を行いたい場合には，つぎのようにsqlxインタプリタに変数を定義して，

```
sqlx > SELECT BirthDay TO :x FROM Student WHERE Name = 'Masanori Harada';
```

として，変数 x にBirthDay アトリビュートの検索値を受け出します．

```
sqlx > SELECT Name, Address, BirthDay.Day0, BirthdDy.Month0, BirthDay.Year0
       FROM Student
       WHERE BirthDay.year0 = :x.year0
       ORDER BY Name;
```

とすれば，学生'Masanori Harada'と同じ生年の学生の情報がつぎのように検索されます．

```
 name            address           birthday.day0  birthday.month0  birthday.year0
==================================================================================
 'Masanori Harada'    'Kentoku Fukui'              1               5          1977
 'Naoko Sakamoto'     'Kitaku Nagoya'              2               3          1977
 'Noriyuki Suzuki'    'Kitago Katsuyama'          26              10          1977
 'Seiji Yamaguchi'    'Sumiyoshi Sabae'            2               2          1977
 'Takeshi Horie'      'Horinomiya Fukui'          15               7          1977
 'Toshiaki Tanaka'    'Yoshiza Yasuki'             2               2          1977
```

さらに，年齢が等しい学生の情報の検索はStudentクラスに定義されているメソッドage（）を使用して，つぎのようになります．ただし，変数:today には今日の日付がセットされているものとします．

```
sqlx > SELECT Name, Address, Age(Student,:today)
       FROM Student
       WHERE BirthDay.Year0 = :x.Year0;
```

または，

```
Sqlx > SELECT Name, Address, Age(:today) on Student
       FROM Student
       WHERE BirthDay.Year0 = :x.Year0;
```

```
 name                   address               age(:today)
==========================================================
 'Masanori Harada'    'Kentoku Fukui'                 22
 'Takeshi Horie'      'Horinomiya Fukui'              22
 'Naoko Sakamoto'     'Kitaku Nagoya'                 22
 'Noriyuki Suzuki'    'Kitago Katsuyama'              22
 'Seiji Yamaguchi'    'Sumiyoshi Sabae'               22
 'Toshiaki Tanaka'    'Yoshiza Yasuki'                22
```

● 結合演算

科目'Networking'を受講している学生の名前を検索するには，sqlx変数を使ってつぎのようにできます．

```
sqlx > SELECT Registration TO :x
       FROM Subject
       WHERE Title = 'Networking';
sqlx > SELECT Name
       FROM Student
       WHERE Student in :x;

  Student.Name
======================
  'Masanori Harada'
  'Takeshi Horie'
  'Hidetatsu Kawahara'
  'Naoko Sakamoto'
  'Goro Yamanaka'
  'Noriyuki Suzuki'
  'Seiji Yamaguchi'
  'Toshiaki Tanaka'
```

最初のSELECTコマンドにより，'Networking'の受講学生のOID集合が変数xに代入されます．つぎのSELECTコマンドからわかるように，クラス名は文脈によってはそのクラスのインスタンスのOIDを表すことがあります．クラス同士の結合演算を使えば，変数を使用せずに，つぎのようにできます．

```
sqlx > SELECT  Student.Name
       FROM Student,Subject
       WHERE Student IN Subject.Registration AND Subject.Title = 'Networking';
```

すべての科目について，科目名と受講学生名を検索したい場合には，つぎのようにします．

```
sqlx > SELECT Subject.Title, Student.Name
       FROM Student,Subject
       WHERE Student IN Subject.Registration;

  Subject.Title          Student.Name
============================================
```

```
'Compiler Construction'  'Masanori Harada'
'Compiler Construction'  'Takeshi Horie'
'Compiler Construction'  'Hidetatsu Kawahara'
'Compiler Construction'  'Naoko Sakamoto'
'Compiler Construction'  'Goro Yamanaka'
'Database System'     'Takeshi Horie'
'Database System'     'Hidetatsu Kawahara'
'Database System'     'Noriyuki Suzuki'
'Database System'     'Seiji Yamaguchi'
'Database System'     'Toshiaki Tanaka'
'Networking'          'Masanori Harada'
'Networking'          'Takeshi Horie'
'Networking'          'Hidetatsu Kawahara'
'Networking'          'Naoko Sakamoto'
'Networking'          'Goro Yamanaka'
'Networking'          'Noriyuki Suzuki'
'Networking'          'Seiji Yamaguchi'
'Networking'          'Toshiaki Tanaka'
```

7.4.8 ビュークラスの定義と操作

関係データベースにおけるビューテーブルに相当する機能がビュークラス（view class）として使用できます．ビュークラスはCREATE VCLASS文により定義され，ビューテーブルの定義と同様，二つの部分から構成されます．最初の部分はスキーマ定義であり，アトリビュート名とデータ型のリスト，および，スーパークラスやメソッドの指定からなります．第2の構成要素はSELECTによるクラスの検索文です．つぎの例はすべての科目について，科目名と受講学生名の検索結果をビュークラスRegisteredとして定義しています．

```
sqlx> CREATE VCLASS Registered
      (Title string, Name string)
      AS
     SELECT Subject.Title, Student.Name
      FROM Student,Subject
      WHERE Student IN Subject.Registration;
```

第8章

多次元データとその索引付け

多次元データと多次元インデックス／多次元データに対する問い合わせ／
データに対するインデックス構造／k-d木／グリッドファイル／
大きさを持つ多次元データに対するインデックス構造／
変換法／R木／R^+木／Z順序化

ここでは，多次元データに対するインデックス構造について述べます．まず，多次元データについて，ならびに，多次元インデックスの必要性について述べます．つぎに，多次元データに対する問い合わせについて，つぎに，多次元データに対する基礎的なインデックス構造について述べます．ここでは，大きさを持たない点データに対するインデックス構造と，大きさを持ったデータに対するインデックス構造に分けて述べます．

8.1 多次元データと多次元インデックス

従来のデータベースでは，数値・文字といった基本的なデータを扱ってきました．しかし，近年，画像，音楽や動画といったいわゆるマルチメディアデータをも扱わなければならなくなってきました．ここでは，マルチメディアデータをたんに格納するのみではなく，その内容についての条件を指定して検索を行いたいという要求があります．例えば，地図上での領域を指定して，その領域の中に存在する書店を求めるといった検索や，ある画像と類似の画像を求めるといった検索です．

このような検索を行うためには，地図上の建物の位置を格納しておいたり，画像の特徴量を格納しておいたりしておき，これらの情報を検索に利用するという方法が採られます．しかし，建物の位置や画像の特徴量は単一の数値であることはほとんどありません．すなわち，N個の数値の組で一つのデータの内容を表現することが通常です．例えば，建物の位置は，建物を囲む外接矩形で概略化し，その矩形の対角の2点（点Aと点B）で表現することがあります．この場合，例えば，（点AのX座標，点AのY座標，点BのX座標，点BのY座標）という四つ組で位置を表すことになります

図8.1　多次元データの例

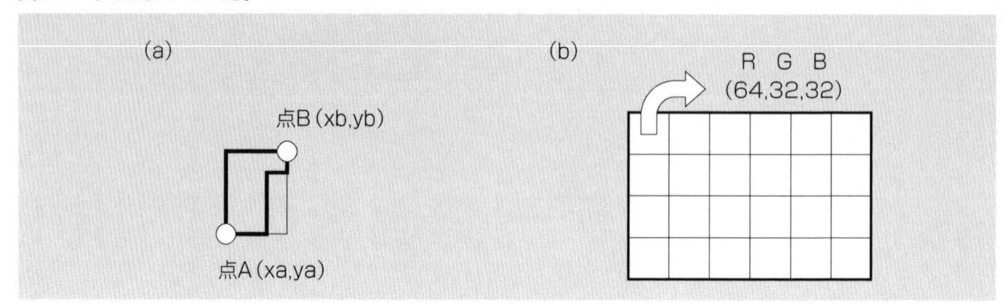

(**図8.1 (a)**)．また，画像の特徴量の場合，例えば，画像を縦4個横6個の小区画に分割し，それぞれの小区画のRGBのおのおのの平均値でその小区画の特徴を表すとすると，4×6×3＝72個の値の組で一つの画像の特徴を表すことになります（**図8.1 (b)**）．

このように，n個組のデータで一まとまりの情報を表すのですが，これをn次元のデータと考え，nが2以上であることから多次元データと呼びます．

さて，このような多次元データが大量に存在する場合，検索を高速に行うためには何らかのインデックス構造が必要です．ここで，データベース管理システムでよく使用されているB^+木で多次元データを管理することを考えてみましょう．例えば，**図8.2**に示す五つの3次元データがB^+木で管理されているとしましょう．ここで，点Q（2，2，2）に合致する検索を考えます．一般には，この点Qに距離の近い点が検索結果として得たいものであると考えられます．三つの次元のデータをこの順でマルチキーとしてB^+木で管理しているとすると，まず，1次元目が合致する（2である）点B，点C，ならびに，点Dが選択されます．つぎに，2次元目が合致する（2である）点Cが求められます．ここで，3次元目の値が点Cと点Qでは異なる（点Cは5で点Qは2である）ので，合致するデータはないことになります．しかし，ここでは，点Qに最も近いものを得たいのです．そこで，2次元目までで得られたデータ集合の中から最も点Qと距離が短いものを選ぶことにします．すると，点Cが選ばれてしまいます．**図8.2**からわかるように，この場合の求める解は，点Qとの距離が1で最短の点Aです．

このように，B^+木では，そのままでは多次元データの高速検索のためのインデックス構造にはなりません．これは，キーを1次元上で順序づけているからです．多次

図8.2　多次元データと点Q（2，2，2）からの距離

A（1，2，2）…1
B（2，1，3）…$\sqrt{2}$
C（2，2，5）…3
D（2，3，3）…$\sqrt{2}$
E（3，1，4）…$\sqrt{6}$

図8.3　データに対する問い合わせ

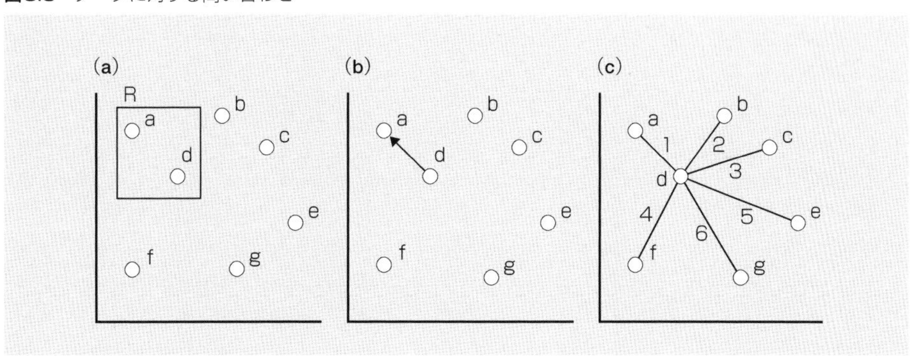

元空間中の点に近接した点を求めるような検索には，各次元を平等に扱うことのできるインデックス構造が必要です．このようなインデックス構造が本章で述べるインデックス構造です．

8.2 多次元データに対する問い合わせ

点データに対する代表的な問い合わせを以下に示します．

(1) 範囲問い合わせ（range query）

区間，または，領域を指定し，その中に含まれている点を求める問い合わせです．例えば，**図8.3（a）**に示すような2次元空間上の点に対して領域Rを指定した場合，領域Rに含まれる点（点aと点d）を求める問い合わせです．

(2) 最近接問い合わせ（nearest neighbor query）

ある点を指定し，その点に最も近接した点を求める問い合わせです．
例えば，**図8.3（b）**の点dを指定してその最近接点である点（点a）を求める問い合わせです．

(3) 近接点列挙（distance scan）

ある点を指定し，その点に近い距離の点を距離の近いものから順番に列挙する問い合わせです．

例えば，**図8.3（c）**の点dを指定して，その点から近い順（点a，点b，点c，点f，点e，点gの順）に点を求める問い合わせです．

次に，矩形データに対する代表的な問い合わせを以下に示します．

図8.4 矩形データに対する問い合わせ

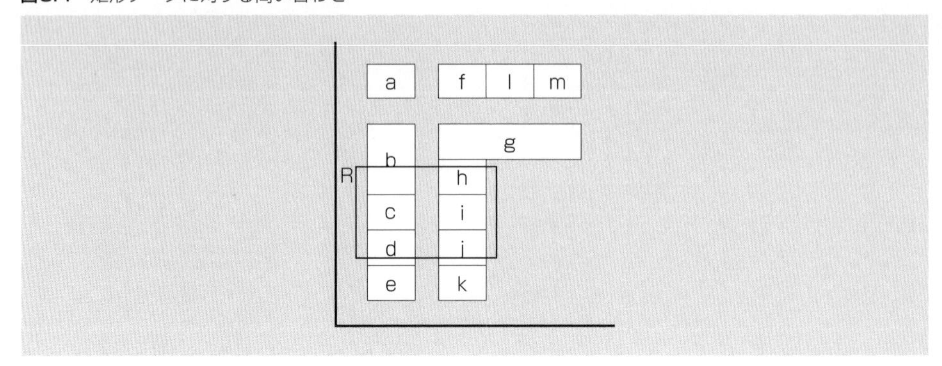

(1) 交差問い合わせ (intersection query)

領域を指定し，その領域と交差する部分を持つ矩形データをすべて求める問い合わせです．

例えば，**図8.4**に示すような2次元平面上の矩形群に対して領域Rを指定した場合，領域Rと交差する矩形（矩形b, c, d, h, i, j）を求める問い合わせです．

(2) 包含問い合わせ (containment query)

領域を指定し，その領域に完全に包含されている矩形データをすべて求める問い合わせです．

例えば，**図8.4**に示すような領域Rを指定した場合，領域Rに完全に含まれる矩形（矩形cと矩形i）を求める問い合わせです．

8.3 点データに対するインデックス構造

ここでは，大きさを持たない点データに対する代表的なインデックス構造として，k-d木とグリッドファイルについて述べます．

8.3.1 k-d木

k-d木（k-dimensional binary search tree）は，多次元での領域探索を効率よく行うために，1次元の2分探索木を一般のk次元に拡張したものです．k-d木は，指定された長方形領域R内に存在する点の列挙に適し，また，動的に変化しないデータ（静的データ）を扱うのに適しています．

k-d木では，ある次元に着目し，中央の点でデータ集合を2分割し，分割された点集合に対して，次に着目する次元の中央点でデータ集合を分割するということを繰り返します．得られる木は平衡木となります．

図8.5に例を示します．この例では，はじめに次元x_1に着目して2分割を行い，次

図8.5 k-d木

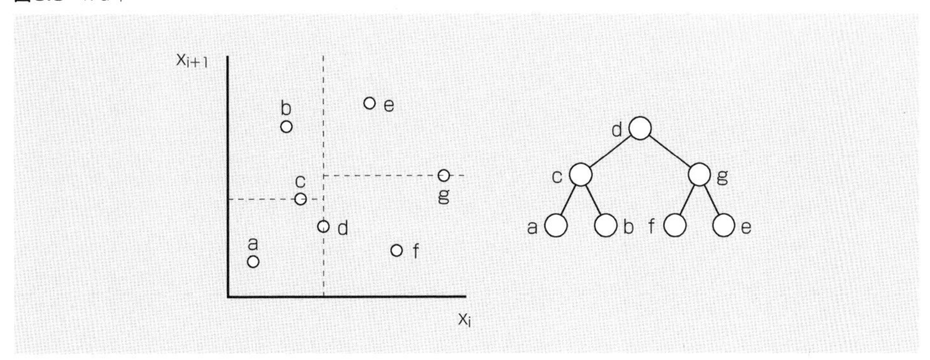

に，x_{i+1}に着目して2分割を行っています．n次元を尽くしてもデータが1個にならない場合は，第1次元に戻って分割を繰り返します．

(1) 構造

k-d木は二分探索木を拡張したものなので，k-d木の構造は基本的に二分木です．すなわち，子へのポインタを二つもちます．また，N次元空間での点を表現するN個の座標値，ならびに，その他の情報を保持します．これは，データ実体を持つ場合も，データ実体へのポインタの場合もあります．

(2) 作成

k-d木の作成アルゴリズムの概要を以下に示します．

- 点が一つならば，その点を持つノードを作成し，終了．
- そうでないならば，点集合をx_i軸上でソートして中央の点を求め，x_i軸に垂直な超平面で点集合を2分割する．
- 各部分空間に対して，x_{i+1}軸に着目するように指定して再帰的に木を作成する．
- n次元を尽くしてもデータが1個にならない場合は，第1次元に戻って分割を繰り返す．

(3) 点の列挙

指定領域R内に存在する点の列挙アルゴリズムの概要を以下に示します．

- 指定領域に根の点が含まれているならば，その点を求める点とする．
- 指定領域が左領域と共通部分を持つならば，左領域を表す子を根として再帰的に検索する．
- 指定領域が右領域と共通部分を持つならば，右領域を表す子を根として再帰的に検索する．

8.3.2　グリッドファイル

グリッドファイルは，ハッシュ法にもとづいて多次元データを効率良く検索する方法です．基本的にディスクアクセス2回で検索可能とする方法で，どの次元に対しても 効率的な範囲検索（range query）が可能です．

グリッドファイルは，グリッドを表現するためのグリッドディレクトリ，ならびに，実際の点データ（へのポインタ）を格納するバケットから構成されます．グリッドディレクトリは，各次元のグリッドの区切りを表すリニアスケール，ならびに，グリッドブロックから構成されています．バケットはグリッドブロックから指されています．また，バケットは共有可能です．

検索時は，リニアスケールをもとに関係するグリッドブロックを割り出し，バケットにアクセスして検索候補を求めます．ただし，バケット内のデータが真に検索条件を満足しているか確認する必要があります．

グリッドファイルはアクセスが高速であり，また，グリッドファイルは動的なデータの変更に対処できます．しかし，あらかじめ空間を決定し，グリッドを決定しておかなければならないという欠点があります．

(1) 構造

グリッドディレクトリとバケットから構成されます．

バケットは実際の点データ（へのポインタ）を格納する単位です．c個の点データ（へのポインタ）が格納できます．

グリッドディレクトリはグリッドを表現するものです．グリッドディレクトリは，各次元のグリッドの区切りを表すリニアスケール，ならびに，グリッドブロックから構成されています．グリッド配列G[nx][ny]は，動的なk次元配列であり，各要素はグリッドブロックに対応します．リニアスケールは，k個の1次元配列であり，各スケールはドメインSの分割を定義します．例えば，X[nx+1]やY[ny+1]です．グリッドブロックがバケットを指します．バケットは複数のグリッドブロックから共有可能です．

図8.6　グリッドファイル

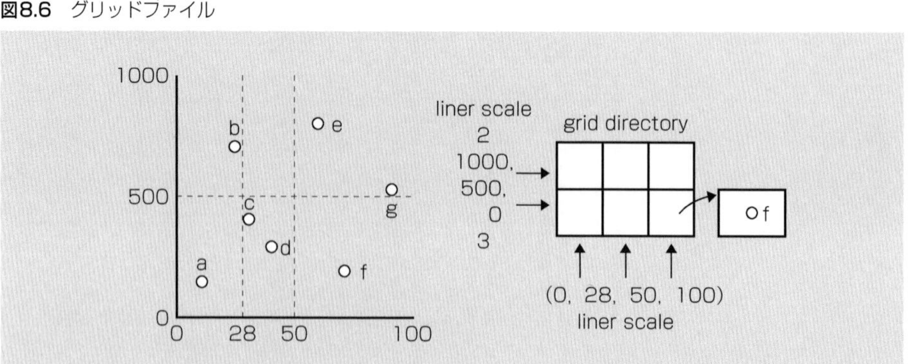

(2) 点の列挙

指定領域R中の点の列挙のアルゴリズムの概要を以下に示します．

- 指定領域のx_i次元の区間を包含する最小の区間を求める．
- アクセスするバケットを決定し，候補を取り出す．
- 候補が指定領域内に含まれているか確認する．

8.4 大きさを持つ多次元データに対するインデックス構造

大きさを持つ多次元データに対する代表的なインデックス構造について説明します．ここでは，大きさを持つ多次元データを，次元数を増加させて大きさを持たない点データとして扱う方法（変換法），インデックス付けの際に部分領域のオーバラップを許すR木，オーバラップを許さないR^+木，ならびに，グリッドに分割された空間上のデータに対する代表的なインデックス構造であるZ順序化について述べます．

8.4.1 変換法

一般に，矩形は対角である2点で表現できます．矩形がN次元上の矩形の場合，点（x11, x21,…, xn1）と点（x12, x22, …, xn2）で表現できるということです．これは，（x11, x21,…, xn1, x12, x22, …, xn2）という2N次元上の点で表現できます．（大きさを持たない）点であれば，8.3節で述べたインデックス構造を用いることができます．変換法（transformation method）とは，N次元上の矩形を2N次元上の点とし，点に対する多次元インデックス構造を使用する方法です．簡単のために，1次元の線分を変換法により2次元上の点とする例を**図8.7**に図示します．線分Aと線分Bが2次元平面上の点に変換されています．**図8.7**からもわかるように，終点は必ず始点以上の値を持つため，2次元平面の半分の領域（**図8.7**では上三角部分）しか使用しないことになります．2次元平面上の矩形の場合は，4次元空間上の点として表現されることになります．

図8.7 変換法

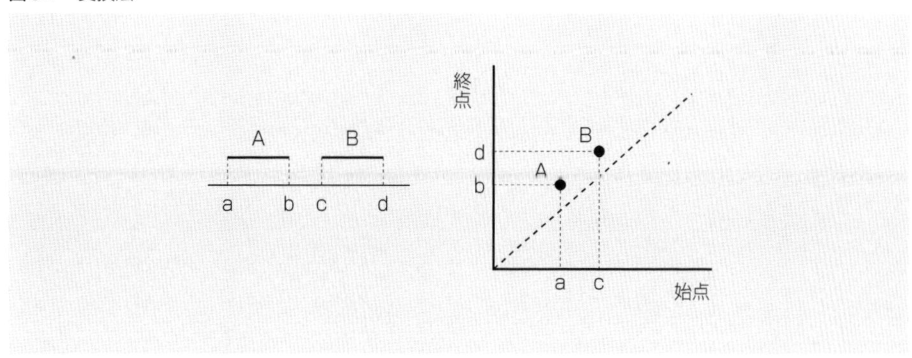

図8.8　R木

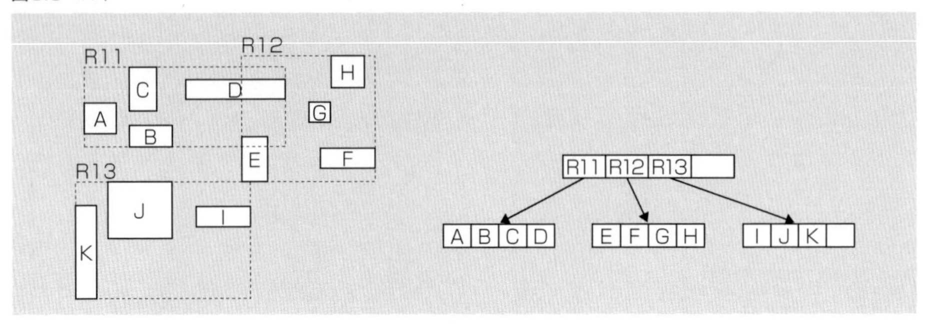

変換法には，点に対する多次元インデックス構造を使用できるという長所があります．しかし，短所も多くあります．通常，矩形を表現する2点は，全ての次元での最小値である点Aと全ての次元での最大値である点Bを使用します．すると，点A＜点Bなる関係が成立します．これは，2N次元において，$x_1 = x_2 = \cdots = x_n$なる超平面の片側しか使用せず全領域を使用しないので効率がよくないという問題があります．さらに，対象の大きさが同程度の場合，対象を含む最小外接矩形を表す2点は，点Aを決めると点Bがほぼ決まることになり，点Aを表す超平面から一定距離の領域に点が分布するということになります．したがって，2N次元空間のごく一部の空間しか使用できないことになり，効率が非常に悪くなる可能性があります．

8.4.2 R木

R木は，B木のような構造を持つ多次元データに対するアクセス法です．指定領域Sにオーバラップする（大きさのある）オブジェクトを求めるのに適しています．

R木では，いくつかの矩形を包含する外接矩形を作成しながら木を構成してゆきます．**図8.8**のA, B, C, Dを包含する外接矩形R11がその例です．検索は，問い合わせで指定された領域とオーバラップする領域に対して再帰的に領域の検索を行っていきます．R木は，データ集合の動的な変化に対応できますが，その際の木の再構成が問題となります．外接矩形が最小となるところに新データを追加するのですが，これが悪い分割となることがあるからです．また，**図8.8**のR11とR12はオーバラップしていますが，これが検索効率を低下させる要因となります．

(1) 構造

以下の記号を使用します．

- cp：子ノードへのポインタ
- Rect：外接矩形で，その外接矩形の対角の2点で表す．矩形がn次元上の矩形の場合，$((x_{11}, x_{21}, \cdots, x_{n1}), (x_{12}, x_{22}, \cdots, x_{n2}))$となる．
- Oid：データベース中の空間オブジェクトの識別子

・M：1ノード中に含まれ得る最大エントリ数
・m：1ノード中に含まれ得る最小エントリ数で$2 \leqq m \leqq M/2$

つぎに，R木のノードについて示します．

・葉以外のノードのエントリは（cp, Rect）で表される．ここで，Rectは子ノード中のエントリのすべての矩形に対する外接矩形である．葉以外のノードは，根でなければm以上M以下の子を持つ．
・葉ノードのエントリは（Oid, Rect）で表される．ここで，Rectはその空間オブジェクトを包含する外接矩形である．葉ノードは，根でなければm以上M以下の子を持つ．
・R木の根が葉でない場合，少なくとも二つの子を持つ．

R木は平衡木であり，すべての葉ノードは同一レベルに出現します．

(2) オブジェクトの列挙

指定領域Sにオーバラップする（大きさのある）オブジェクトの，列挙のアルゴリズムの概要を以下に示します．

・根Tが葉でなければ，Sにオーバラップする領域を持つエントリを求め，各々について，それを根として再帰的に検索する．
・根Tが葉ならば，すべてのエントリに対して，Sにオーバラップするか調べる．

(3) 挿入

R木へのオブジェクトの挿入アルゴリズムの概要を以下に示します．

・挿入するオブジェクトに対する外接矩形を求め，エントリEを作成する．
・エントリEを挿入する葉Lを求める（Eを含めるのに最も小さな拡張ですむ領域を求める）．
・Lに空きがあれば，Eを挿入する．
・Lに空きがなければ，ノードを分割する（LとLLとする）．
・L（とLL）に対して木の調整を行う．上位のノードにLLに対応するエントリを追加する．また，Lに対応するエントリのRectを更新する．これは，再帰的に行われる．
・分割が根Rに達したら，新しい根R_{new}を作成し，もとの根Rを分割し新しい根R_{new}の子とする．

(4) 削除

R木からのオブジェクトの削除アルゴリズムの概要を以下に示します.

・エントリEを含む葉Lを求める.
・LからEを削除する.
・Lに対して木の調整を行う. Lのエントリ数がm未満になった場合, そのノードL中のエントリを再挿入してL以外のノードに格納し, Lを削除する. この処理は再帰的に行われる.
・根Rが一つの子Cしか持たなくなった場合, 子Cを新ルートとし, もとの根Rを消去する.

8.4.3 R⁺木

R⁺木もB木のような構造を持つ多次元データに対するアクセス法です. R⁺木は, R木でのように部分領域のオーバラップを許しません. R木 (**図8.8**) ではオーバラップしていたR11とR12が, R⁺木ではオーバラップさせません (**図8.9**). このため, 葉ノードに物体データ (へのポインタ) が複数回出現することがあり得ます. 例えば, **図8.9**のDのようです.

R⁺木の構造はR木と同じです. また, R⁺木での検索はR木と同様に行われます. 大きな違いはデータ挿入時の処理です. 挿入の結果, エントリがノードからあふれた場合はノードの分割が発生しますが, ここで分割後の検索コストを考慮して最も良い分割となるようにします.

8.4.4 Z順序化

Z順序化 (Z ordering) は, 空間を埋めるカーブで k次元空間を1次元に変換する方法の一つです. 近傍検索が容易であり, 指定領域にオーバラップする (大きさのある) オブジェクトを求めることができます.

Z順序化では, あらかじめ空間を決定し, 各次元を区間に区切り, 値を割り当てておきます. そして, 物体データを挿入する際に, その物体と交わる区間をもとに値を

図8.9 R⁺木

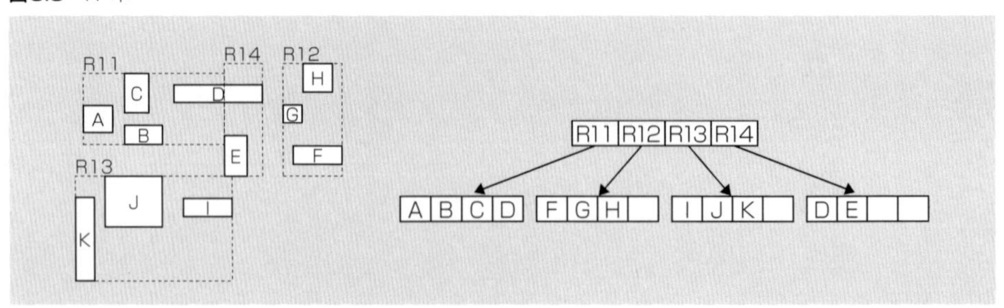

図8.10 Z順序化

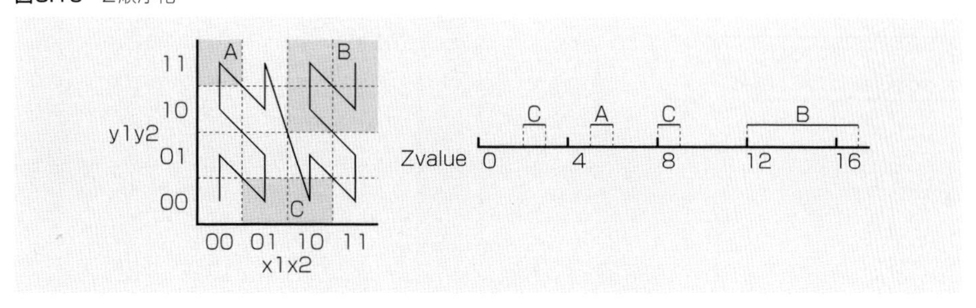

求め，物体データとともに格納しておき検索に役立てます．

図8.10に例を示します．ここでは，（xの上位ビット）（yの上位ビット）（xの下位ビット）（yの下位ビット）でZ値を与えることにします．物体Bは，x軸上で，上位ビットが1，下位ビットは不問であり，同じく，y軸上で，上位ビットが1，下位ビットは不問です．したがって，Z値は12～16の範囲をとることになります．これが，物体BのZ値です．検索の際は，同様にZ値を計算し，Z値を持つ物体を求めます．

Z値は1次元のデータであるので，B木といった従来のインデックス構造がそのまま使用できます．

まず，あらかじめ，各次元を区間に区切り，各区間に値を割り当てておきます．指定領域R内のオブジェクトの検索は，指定領域Rに対するZ値を計算し，そのZ値内のZ値を持つオブジェクトを候補とします．ただし，同一オブジェクトが複数回現れることを考慮する必要があります．挿入は，オブジェクトに対するZ値を計算し付加します．削除も同様で，オブジェクトに対するZ値を計算し，そのZ値のオブジェクトの中から削除オブジェクトを削除します．

変換法を用いてN次元空間の矩形を2N次元空間中の点で表現し，この点に対するZ値を利用してN次元空間の矩形を管理する手法（DOT）などもあります．

参考文献

[1] 植村俊亮，『データベースシステムの基礎』，オーム社（1979）

[2] 上林弥彦，『データベース』，昭晃堂（1986）

[3] 増永良文，『リレーショナルデータベース入門[新訂版]』，サイエンス社（2003）

[4] 北川博之，『データベースシステム』，昭晃堂（1996）

[5] E.F.Codd, "A Relational Model of Data for Large Shared Data Banks, "*CACM*, 13,6, pp.377-387（1970）

[6] C.J.Date（芝野耕司 監訳），『標準 SQL: 第2版』，トッパン（1990）.

[7] D.Comer（上田和紀 訳），『広くゆきわたったB木』，bit 別冊「コンピュータサイエンス」，No.11, pp. 1-40,（1980）

[8] 情報処理学会誌「オブジェクト指向データベースシステム」特集号：32,5（1991）

[9] W.Kim（増永良文・鈴木幸市 訳），『オブジェクト指向データベースシステム入門』（1996）

[10] J.Rumbaugh 他（羽生田栄一 監訳），『オブジェクト指向方法論OMT』，トッパン（1992）

[11] UniSQL社，NTTデータ（株）訳，『UNISQL/X ユーザーズマニュアル』（1998）

[12] UniSQL社，NTTデータ（株）訳，『UNISQL/X リファレンスマニュアル』（1998）

[13] T.G.レヴィス 他（浦 昭二 他訳），『データ構造』，培風館（1988）

[14] 都司達夫，「UNIX上における分散型DBMSの構築」，『インターフェース』，1991年7月号～1992年3月号（連載）

[15] ＮＴＴ情報通信網研究所，『データベース概念設計』，阿部出版（1993）

[16] ＮＴＴ情報通信網研究所，『データベース論理設計』，阿部出版（1993）

[17] 鈴木健司 他，『情報データベース技術』，電気通信協会（2000）

[18] 鈴木健司，『データベースがわかる本』，オーム社（1998）

[19] 高橋栄司，飯室美紀，『基礎からのデータベース設計』，ソフトバンクパブリッシング（2002）

[20] 内山悟志，小林博美，『わかりやすいデータベース設計技法』，ソフト・リサーチ・センター（1995）

[21] 林 衛，『ERモデルによるデータベース設計技法』，ソフト・リサーチ・センター（1997）

[22] Ｊ．ランボー 他，『オブジェクト指向方法論OMT』，プレンティスホール・トッパン（1992）

[23] Transaction processing Performance Council：http://www.tpc.org/

[24] インサイトテクノロジー，『日経オープンシステム』「基礎からわかるデータベース構築ガイド」，日経BP社（2002）

[25] 弓場秀樹，武田喜美子，『データベース設計・構築［基礎＋実践］マスターテキスト』，技術評論社（2003）

[26] 弓場秀樹，武田喜美子，『データベース運用・管理［基礎＋実践］マスターテキスト』，技術評論社（2003）

[27] C. Loosley, F. Douglas（間宮あきら訳），『データベースチューニング256の法則』上・下，日経BP社（1999）

[28] 鈴木昭男，『実践!!データベース設計バイブル』，ソフト・リサーチ・センター（1999）

[29]石井達夫，山田精一，『PostgreSQL構築・運用ガイド』，日経BP社（2003）

[30] 浅野哲夫，『データ構造』，近代科学社（1992）

[31] Guting R. H. : "An Introduction to Spatial Database Systems," *VLDB Journal*, Vol. 3, No. 4, pp. 357-400（1994）

[32] Lu, H. and Ooi, B.-C. : "Spatial Indexing: Past and Future,"*IEEE Data Eng. Bul.*, Vol. 16, No. 3, pp. 16-21（1993）

[33] Bently, J. L. : "Multidimensional binary search trees used for associative searching,"*CACM*, Vol. 18, No. 9, pp. 509-517（1975）

[34] Nievergelt, J. and Hinterberger, H. : "The Grid File: An Adaptable, Symmetric Multikey File Structure," *ACM Trans. on Database Systems*, Vol. 9, No. 1, pp. 38-71（1984）

[35] Guttman, A. : "R-Trees: A Dynamic Index Structure for Spatial Searching," *Proc. of ACM SIGMOD'84*, pp. 47-57（1984）

[36] Sellis, T., Roussopoulos, N., and Faloutsos, C. : "The R+-Tree: A Dynamic Index for Multi-Dimensional Objects," *Proc. of 13tn VLDB Conf.*, pp. 507-518（1987）

[37] Orenstein, J. A : "Spatial Query Processing in an Object-Oriented Database System," *Proc. of ACM SIGMOD'86*, pp. 326-336（1986）

[38] Faloutsos, C. and Rong, Y. : "DOT: A Spatial Access Method Using Fractals," *Proc. of 7th Int'l Conf. on DATA ENGINEERING*, pp. 152-159（1991）

索　引

【タ】

■著者プロフィール

都司達夫（つじ　たつお）

1973年　大阪大学基礎工学部電気工学科卒業

1978年　大阪大学大学院基礎工学研究科博士課程修了（工博）

1978年　福井大学情報工学科講師

現在，福井大学工学部情報・メディア工学科教授

データベースシステムに関する研究を行っている．

宝珍　輝尚（ほうちん　てるひさ）

1984年　名古屋工業大学大学院修士課程修了

1984年　日本電信電話公社（現ＮＴＴ）入社（電気通信研究所）

1993年　福井大学工学部情報工学科助手

1995年　福井大学工学部情報工学科助教授

2003年　大阪府立大学総合科学部数理・情報科学科教授

2006年　京都工芸繊維大学大学院工芸科学研究科教授

データベース技術教科書［オンデマンド版］

定価は表紙に表示してあります

ISBN978-4-7898-5308-8

2003年12月20日　初版発行
2017年 9 月 1 日　第6版発行
2024年 4 月 1 日　オンデマンド版発行

著　者　都司達夫／宝珍輝尚
発行人　櫻田洋一
発行所　CQ出版株式会社
〒112-8619　東京都文京区千石4-29-14
☎03-5395-2122（編集）
☎03-5395-2141（販売）
振替　00100-7-10665

印刷・製本／大日本印刷㈱
乱丁・落丁本はお取り替えいたします．
Printed in Japan